U0086548

博碩文化

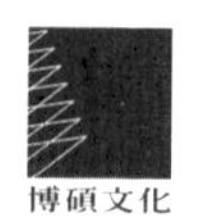

Kotlin 小宇宙

使用 Coroutine 優雅的執行非同步任務

盧韋伸（Andy Lu）著

2021 iThome 鐵人賽 佳作 iT邦幫忙

市面上第一本繁體中文的 Kotlin Coroutine 專書

提供完整程式碼
本書示範程式碼
皆放在 GitHub 上

完整介紹
Coroutine從基礎觀念
到實務範例應用

有系統的心智圖
每章節附上心智圖
幫助記憶與學習

內容淺顯易懂
初次學習也能
輕鬆掌握要點

作　　者：盧韋伸 (Andy Lu)
責任編輯：林楷倫

董 事 長：陳來勝
總 編 輯：陳錦輝

出　　版：博碩文化股份有限公司
地　　址：221 新北市汐止區新台五路一段 112 號 10 樓 A 棟
電話 (02) 2696-2869　傳真 (02) 2696-2867

發　　行：博碩文化股份有限公司
郵撥帳號：17484299　戶名：博碩文化股份有限公司
博碩網站：http://www.drmaster.com.tw
讀者服務信箱：dr26962869@gmail.com
訂購服務專線：(02) 2696-2869 分機 238、519
（週一至週五 09:30 ～ 12:00；13:30 ～ 17:00）

版　　次：2023 年 2 月初版一刷

建議零售價：新台幣 600 元
I S B N：978-626-333-379-6
律師顧問：鳴權法律事務所 陳曉鳴律師

本書如有破損或裝訂錯誤，請寄回本公司更換

國家圖書館出版品預行編目資料

Kotlin 小宇宙：使用 Coroutine 優雅的執行非同步任務 / 盧韋伸 (Andy Lu) 著. -- 初版. -- 新北市：博碩文化股份有限公司，2023.02

面；　公分. -- (iThome鐵人賽系列書)

ISBN 978-626-333-379-6(平裝)

1.CST: 系統程式 2.CST: 電腦程式設計
3.CST: Kotlin(電腦程式語言)

312.52　　　　112000467

Printed in Taiwan

歡迎團體訂購，另有優惠，請洽服務專線
博 碩 粉 絲 團　(02) 2696-2869 分機 238、519

商標聲明

本書中所引用之商標、產品名稱分屬各公司所有，本書引用純屬介紹之用，並無任何侵害之意。

有限擔保責任聲明

雖然作者與出版社已全力編輯與製作本書，唯不擔保本書及其所附媒體無任何瑕疵；亦不為使用本書而引起之衍生利益損失或意外損毀之損失擔保責任。即使本公司先前已被告知前述損毀之發生。本公司依本書所負之責任，僅限於台端對本書所付之實際價款。

著作權聲明

本書著作權為作者所有，並受國際著作權法保護，未經授權任意拷貝、引用、翻印，均屬違法。

PREFACE

推薦序

進入 Kotlin 宇宙的敲門磚

由於工作職位的關係，投入推廣 Kotlin 程式語言已將近四年。過程中積極地與使用 Kotlin 開發產品的團隊，或是原本使用 Java 開發，後來轉用 Kotlin 開發的技術專家們交流。每當大家聊到為什麼選擇使用 Kotlin 開發時，Coroutine 總是位居前三大理由。由此可見，跟 Kotlin 眾多的語法糖比起來，Coroutine 往往才是讓他們放下 Java，轉而使用 Kotlin 的重要原因。原因無他，就是因為 Kotlin 的 Coroutine 框架簡潔易用，團隊也積極地確保與 JVM 生態的相容度，以及在 Production 環境的穩定性。加上 Kotlin 多平台的能力，寫好的 Coroutine 程式可遷移至不同作業系統平台，不再受限於 JVM，大幅降低轉換成本。因此，對於 Kotlin 開發者而言，掌握 Coroutine 可視為進入 Kotlin 宇宙的重要敲門磚。

不過即便 Kotlin 已推出許久，但截至目前為止，繁體中文技術圈仍沒有一本 Coroutine 專書，對於初學者來説，僅能透過閱讀不同語系的資料來學習，不僅觀念上較難吸收、用詞上也不甚適應，略高的門檻往往阻礙了學習意願，甚為可惜。 Andy 的這本《Kotlin 小宇宙：使用 Coroutine 優雅的執行非同步任務》從最基礎的循序程式設計與非同步程式設計、行程與執行緒、併發與並行等觀念開始談起，再逐步推展至 Kotlin Coroutine 語法以及 Channel、Flow 等進階觀念，最後再以 Coroutine 在單元測試的使用收尾，各章節輔以他最擅長的心智圖歸納重點，完整補足了 Kotlin 技術書籍版塊的缺口。

Andy 本職就是一位 Android 開發者，對 Kotlin 的各種語法特性都非常熟悉，並從 2020 年起就在我們社群舉辦的 Kotlin 讀書會擔任「常駐班底」，帶領大家學習 Kotlin。2021 年自告奮勇地發起 Coroutine 讀書會，並在同年的 iThome 鐵人賽以《Coroutine 停看聽》為題撰寫 30 天教學。2022 年於 JCConf 上發表《Kotlin Coroutine x Functional Programming》講題，進一步擴充對 Coroutine 的詮釋。在累積多年對 Kotlin Coroutine 的研究後，現在將所學集結成冊，並針對新手可能缺乏的背景知識補強。若您跟我一樣也曾在 Coroutine 學習之路上翻過車，在此推薦 Andy 的大作，再給自己一次進入 Kotlin 宇宙的機會。

JetBrains 技術傳教士

范聖佑

2023 年 1 月 7 日

Coroutine 不論是純 Kotlin 或 Android 開發都非常重要的一環，讓我們一起跟著 Andy 優雅的學習如何使用吧～

Android GDE

Tim 林俊廷

2023 年 1 月 31 日

Coroutine 作為 Kotlin 內建的非同步處理方式，在使用 Kotlin 程式語言進行開發時，是一個很重要的觀念。可惜的是，過去在討論 Kotlin Coroutine 時，學習資源多是以英文或簡體中文的內容為主。繁體中文的部分只有零散的網路文章可供參考，實在非常可惜。

幸運的是，在去年的 ITHome 鐵人賽上，Andy 寫了一篇詳盡的系列文，清楚說明了 Kotlin Coroutine 的觀念。並在今年匯集成《Kotlin 小宇宙：使用 Coroutine 優雅的執行非同步任務》一書，成為第一本使用繁體中文解說 Kotlin Coroutine 的技術書籍。

在 Andy 的《Kotlin 小宇宙：使用 Coroutine 優雅的執行非同步任務》書內，不僅有紮實的觀念基礎，從非同步任務的觀念開始解說，將過去使用多執行緒的方式，以及使用 Coroutine 的方式進行比較。並解釋了許多 Kotlin Coroutine 的使用方式，像是 launch 和 async 的不同、Job 的使用方式、……等等。

除了對觀念的詳細說明，在各個段落內，Andy 還特別繪製了觀念整理的心智圖，讓讀者能更有系統的記得段落內所說的觀念，加深讀者對 Kotlin Coroutine 的理解強度。

更貼心的是，為了方便讀者學習，書內提供的程式碼均可下載。讓讀者不僅僅可以透過閱讀，還可以透過程式實作來加強對觀念的理解，不會讀完全書之後，對如何使用 Coroutine 依舊落在紙上談兵的階段，而缺乏實際使用的經驗。

《Kotlin 小宇宙：使用 Coroutine 優雅的執行非同步任務》作為第一本繁體中文討論 Kotlin Coroutine 的專書，Andy 能將觀念梳理得如此清晰實在不簡單。希望拿起本書的你，能夠一起徜徉在 Kotlin 的世界裡，感受撰寫簡潔程式的樂趣！

Taiwan Kotlin User Group 管理員

趙家笙

2023 年 2 月 7 日

About This Book

關於本書

Kotlin Coroutine 是一種執行非同步任務的解決方案之一，其中「非同步任務」簡單來說是指「任務不是按照排列的順序依序執行，而是一個任務尚未完成的時候就能夠執行下一個任務。」的意思。以 Android 為例，由於主執行緒通常肩負著更新畫面、處理輸入事件，如果主執行緒執行耗時任務、延時任務，原本必須要執行的任務就有可能沒辦法執行，進而導致使用者體驗不佳。而將這些任務使用非同步的方式執行，如此就能在執行這些任務的同時，主執行緒還能夠同時執行其他任務，避免影響使用者體驗。

雖然採用非同步的方式能讓主執行緒不會被耗時任務影響，但是相較於循序式的程式設計，非同步程式設計有更多需要考慮的事項，如狀態的同步，從不同執行緒中取得結果，例外處理…等，所以更加複雜，不容易撰寫，一不小心就有可能出錯，感謝 Kotlin Coroutine 提供了一種較為簡易而優雅的解決方案。和非同步概念相關的有「併發」與「並行」兩者，但它們的概念並不太一樣。我們可以將併發與並行視為作業系統層面的解決方案，而非同步則屬於應用程式層面。

併發（Concurrency）是一種能讓系統更有效率執行任務的一種方式。什麼是併發呢？如果只用一句話來形容，就是同時執行多個任務。雖然這邊說的是「同時」，但其實一個單核心的 CPU 同一時間只能執行一個任務，並不是字面上的「同時」執行多個任務。因為每個任務在取得 CPU 時間後才能開始執行，所以這邊所說的「同時」意思是作業系統（OS）快速地切換 CPU 時間給不同任務執行，由於切換的速度很快，感覺就像是同時執行一樣。系統在不同任務間切換時，需要將一些必要的資訊記錄下來，在取得 CPU 時間後才能夠繼續執行，而這個動作就稱為內容切換（Context Switch），而每一個任務都是執行在一個執行緒上。

如果是多核心的 CPU，則能夠實現真正的同時執行，因為同一時間 CPU 的每一個核心都能夠獨立運行，所以任務自然也就能夠被分配到不同的 CPU 來執行，而這就是並行（Parallel）。

不管是併發或是並行，執行任務的權力都是由作業系統所控制，而不是應用程式本身。對於程式開發者來說，則是希望能夠在不同的作業系統上都能夠使用相同的程式碼來開發，也就是說，不管 CPU 是單核或是多核，作業系統是 macOS、Windows 或 Linux，同時執行多個任務的方法都應該相同。

當我們將非同步方法編譯後，會根據不同的作業系統使用不同的執行緒（Thread）函式庫，因此能夠在不同的作業系統、不同的 CPU 規格上都使用相同的程式碼，而這也是 Kotlin Coroutine 的優勢之一，因為 Kotlin Coroutine 支援多平台（Multiplatform），所以使用 Kotlin Coroutine 就能夠在不同的平台上使用。

在 VM 生態系已有為數眾多的非同步任務解決方案，對於不熟悉 Kotlin Coroutine 的開發者來說，或許只是多了一種解決方案而已。不過每一個解決方案都是瞄準某些痛點而設計的，Kotlin Coroutine 當然也不例外，除了是由 Kotlin 官方所推出的（官方推出的有品質保證），最大的優點就是能讓非同步任務以更簡單的方式來實作，這其中包括結構化併發、消除 Callback…等，而且如果你是 Android 開發者的話，Kotlin Coroutine 也悄悄的融入 Android Jetpack 所提供的函式庫。這讓身為 Android 開發者的我對於 Coroutine 開始產生了好奇，為什麼連 Android 官方所推出的 Android Jetpack 都會願意與 Kotlin Coroutine 整合呢？

本書以筆者在 2021 iThome 鐵人賽作品《Coroutine 停看聽》為原型改編，內容從非同步任務概念到 Coroutine 建構器的使用、結構化併發、多任務的處理…等，完整包含所有使用 Kotlin Coroutine 需注意的要點，並在每一小節附上心智圖幫助學習，讀完本書一定可以讓你更加認識 Kotlin Coroutine。

本書架構

本書總共九章，可以分為四個部分。第一部分介紹非同步任務。第二部分介紹 Kotlin Coroutin 的核心部分。第三部分介紹兩種用於多個非同步任務的函式庫。第四部分介紹 Kotlin Coroutine 的單元測試。

- 第一章介紹為什麼要使用非同步任務以及如何使用執行緒執行非同步任務以及其壞處。
- 第二章介紹 Coroutine 與執行緒的差異、不同 Coroutine 的架構以及 Kotlin Coroutine 的三大要素：作用域、suspend 函式以及調度器（Dispatchers）。
- 第三章介紹兩種用於建立 Coroutine 的方法（Coroutine 建構器）：launch 以及 async，前者用於建立無回傳值的 Coroutine，後者為建立一個具有回傳值的。
- 第四章介紹結構化併發，結構化併發讓非同步任務的執行順序更有規則，此外，也解決了巢狀任務的問題，當父任務被取消後，所有子任務也會一起被取消，如此就能夠避免記憶體洩漏（Memory Leak）。
- 第五章介紹在 Coroutine 內建的幾個常見的 suspend 函式，如 delay、yield、join…等。
- 第六章介紹 Coroutine Scope、Coroutine Context 以及調度器（Dispatchers），這三個項目是使用 Coroutine 時，最重要的部分。Kotlin Coroutine 需要在

作用域才能執行，而 Coroutine Context 則包含了許多在使用 Coroutine 需要用到的項目，其中一個就是調度器，Coroutine 會根據不同的調度器來選擇使用不同的執行緒。

- 第七章介紹 Channel。Channel 是一種用於執行多個非同步任務的方法，在不同的調度器中透過 Channel 傳遞非同步任務的結果。預設的 Channel 容量是 0，也就是說，Channel 不暫存內容，只會把結果傳遞至 Channel 另一端，也可以根據不同的需求設定 Channel 的容量。
- 第八章介紹 Flow。Flow 同樣也是一種用於執行多個非同步任務的方法，與 Channel 不同，它只有在執行終端運算子的時候，才會執行所有非同步任務，這麼做的好處是，不需要處理的資料，我們就不需要執行它。而在執行終端運算子之前，可以呼叫中間運算子來對資料流進行處理。
- 第九章介紹 Coroutine 的單元測試，要驗證程式碼是否如預期般執行，除了直接執行外，最方便的方法應該是使用單元測試。但是非同步任務的單元測試與循序程式不同，要如何把單元測試寫好則需要多一些功夫。

本書程式碼

本書示範程式碼皆放在 GitHub 上，讀者可以從以下連結取得範例程式碼來練習：

- 第一章 ~ 第九章：https://github.com/andyludeveloper/kotlin-coroutine-book-example
- 第九章（Android）：https://github.com/andyludeveloper/kotlin-coroutine-book-android-example

勘誤

本書雖然已經努力校稿，但難免會有遺漏之處，若您發現書中內容有誤、用字遣詞不正確，請不吝將您發現的錯誤內容發信告知我，我將會把書中修正的部分更新在網站上，謝謝。

聯絡資訊：andyludeveloper@gmail.com

致謝

首先要感謝的當然是 iTHome 每年所舉辦的 iTHome 鐵人賽活動，讓所有開發者都能夠在這個環境之下挑戰自我，而本書能夠出版也是因為從 2021 年的鐵人賽取得出版的機會。

本書能完稿並交到各位讀者的手上，只有我一個人是沒有辦法辦到的，而是由許多熱心朋友的協助，才能夠讓本書如期出版。感謝博碩出版社 Abby，給予我寫作該思考的脈絡以及方向，讓身為寫作菜鳥的我有信心開始寫作，同時也在我延遲交稿時，給我額外的時間。感謝 JetBrains 技術傳教士 - 聖佑，在這本書開始撰寫之前，給我機會審校他所寫「Kotlin Collection 全方位攻略」，讓我知道寫一本書背後所需準備的事項，除了給了我寫作的信心之外，他的審校也功不可沒。感謝三位審校夥伴、Kotlin Taiwan User Group 管理員 Recca 及 志工 Tina、Kotlin 爐邊漫談主持人 Maggie 三人協助本書的校稿工作，讓我知道哪些地方沒有提到或是需要額外補充，讓這本書的內容能更充實、用字更精確。最後當然也要感謝看到這本書的你，因為有你們才有這本書。

專案函式庫版本

- Kotlin：1.7.21
- Kotlin Coroutine：1.6.4
- Unit Test：JUnit 5

CONTENTS

目錄

Chapter 4 結構化併發

Chapter 5 內建的 suspend 函式

Chapter 6 深入理解 Coroutine

Chapter 7 Channel

Chapter 8 Flow

Chapter 9 Coroutine 的單元測試

後記

Chapter

1

前言：非同步任務

本章目標

- 了解循序程式設計與非同步程式設計
- 認識行程與執行緒
- 使用執行緒函式庫
- 了解使用執行緒會遇到的問題

由 Kotlin 推出的 kotlinx-coroutine 函式庫是瞄準非同步任務的解決方案，目的是用來解決在非同步任務上會遇到的問題，所以要學習 Coroutine，我們首先需要從非同步任務的基礎開始講起。

非同步任務 aka 異步任務，能夠讓系統在同時間內執行多個任務，比起循序程式設計它需要考慮的事情更多，譬如：在不同的執行緒上共享資料、任務結束後要如何從不同的執行緒上取回運算結果、要如何中斷執行緒…

本章將從循序程式設計開始介紹，了解循序程式設計與非同步程式設計的差異。非同步任務通常是使用多個執行緒來解決，要了解執行緒，就需要從系統的角度來認識。接著，為了要在不同作業系統上都可以呼叫相同的方法來使用執行緒，因此採用執行緒函式庫來作為應用程式與作業系統內執行緒的橋樑，知道如何使用執行緒後，最後來談談使用執行緒會遇上的問題。

1-1 當循序程式設計遇上耗時任務

程式是用來解決生活中的問題，換句話說，程式是由真實世界的事件抽象而成的。在我們學習程式語言初期階段，最先學習到的是循序程式設計（Sequential Programming），在這種程式設計方式之下，所有的程式按照排列的順序來執行，會由這種方式開始，是因為它最直覺、也最容易實作。

用真實世界的範例 - 大隊接力，講述循序程式設計的概念：起跑槍響之後，選手依照排定的順序一個接著一個的往前跑，當選手跑完自己負責的距離後，將接力棒傳給下一棒，下一棒選手接棒後便開始繼續往下跑，最後一名選手抵達終點後，比賽就結束，最後只剩下跑步成績。將起跑槍響看作是呼叫函式，而每一位選手可以看作是子函式，而選手在跑步則是執行程式，將接力棒傳給下一棒的動作可以當作是把子函式的回傳值傳給下一個子函式當作輸入，當最後一名選手跑到終點後，這個函式就結束了，最後得到的就是跑步成績，跑步成績對應的就是函式的輸出值。

回到程式端，假如有一個名為 **displayLatestContents** 的函式，其目的為當使用者輸入帳號密碼登入後，系統會給予一個 Token，我們可以利用這個 Token 查詢登入的使用者相關資訊。利用 Token 去向系統詢問最新的內容，系統在收到我們傳入的 Token 後會回傳最新的內容傳出來，最後將內容呈現在畫面上。根據描述，這個函式應包含三個步驟：

1. 登入，並取得 Token。
2. 根據 Token 取得最新的內容。
3. 將最新的內容呈現在畫面上。

按照上面的步驟，我們完成了以下的 Pseudo Code：

```
fun displayLatestContents() {
    val token = login(userName, password)
    val contents = fetchLatestContents(token)
    showContents(contents)
}
```

login 函式會回傳 token，**fetchLatestContents** 函式會使用 login 函式所回傳的 Token 來取得最新的內容，最後則是把 **fetchLatestContentes** 函式回傳的結果傳給 **showContents** 函式顯示內容。

其中三個函式的定義如下：

```
fun login(userName: String, password: String): Token {...}

fun fetchLatestContents(token: Token): List<Content> {...}

fun showContents(contents: List<Content>) {...}
```

displayLatestContents 函式會依序執行三個子函式（**login**、**fetchLatestContent** 以及 **showContents**），而這三個子函式會分別取得各自的結果，並當作下一個函式的輸入或最終回傳值。這種一行接著一行執行的方式就是循序程式設計，而這種設計方式大量存在我們的程式之間。

呼叫 **displayLatestContents** 函式時，會在函式呼叫端的執行緒上執行，預設是主執行緒 *。假設這個函式是在 Android 上執行，在 Android 中，主執行緒（Main Thread）或稱 UI 執行緒（UI Thread），主要是用來繪製畫面、處理使用者輸入事件的，若 **displayLatestContents** 函式內的子函式需要比更新畫面的間隔還長的時間執行，也就是說此任務阻塞（Blocking）主執行緒，當下一次更新畫面、處理輸入事件的任務到來時，主執行緒就沒有多餘的能力去處理，導致使用者體驗不佳，最終可能出現 ANR（Application Not Response）對話框 *。

1. 大部分 Android 手機的影格率（Frame Rate）是 60 fps，也就是大約每 16 毫秒（ms）就會更新畫面一次，主執行緒必需將更新的內容在 16 ms 內準備好，否則這一次的更新就會被放棄（Drop Frame）。
2. 若是應用程式沒有在 5 秒內反應輸入事件或是 BroadcastReceiver 沒有在時間內執行完…等等，就會出現 ANR 對話框，提示使用者是否要關閉 App 或是繼續等待。

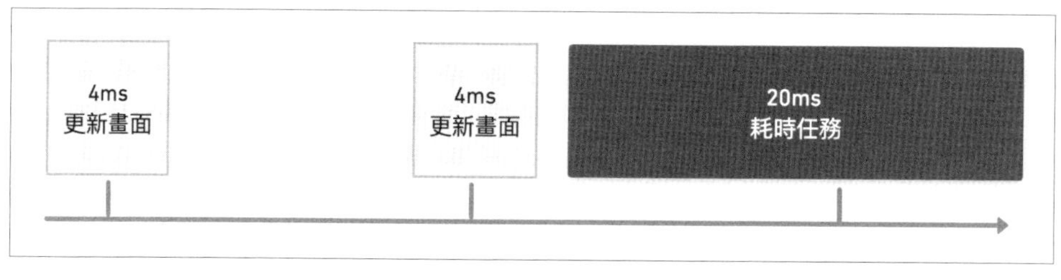

圖 1-1　主執行無法更新畫面

那麼，如果需要執行耗時任務，該怎麼處理呢？

從上文得知，造成更新畫面、處理輸入事件任務無法順利進行的原因是「主執行緒」阻塞，因為耗時任務佔用主執行緒，所以其它主執行緒上的任務就無法執行。那麼是不是將耗時任務移至另一個執行緒上執行，並等到該任務完成後，再將其回傳值傳回主執行緒即可？（一個執行緒不夠用，你可以用兩個，笑）

沒錯，一般我們利用多個執行緒來完成耗時任務、延時任務⋯，讀者看到這邊，或許心中有個疑問，既然使用多個執行緒就能完成的事，為什麼需要使用 Coroutine 來處理呢？其實這個答案很簡單，因為直接使用執行緒需要考慮的事情很多，而 Coroutine 將這些事情封裝起來，開發者能夠以更直覺、更容易的方式來執行非同步任務，偷偷告訴你，其實 Coroutine 的技術原理也是使用執行緒。

心智圖

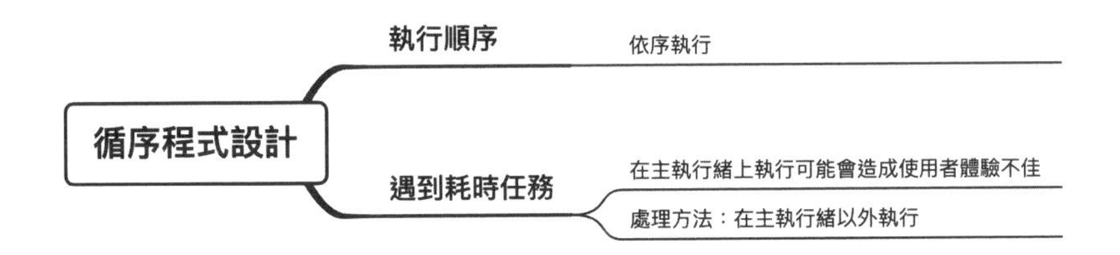

1-2 行程、執行緒

前面我們提到要使用多個執行緒來避免佔用主執行緒，那麼執行緒究竟是什麼呢？要介紹執行緒，首先要從行程（Process）開始說起，當執行一個應用程式，系統將編譯過的程式讀進記憶體後，系統會分配一個行程給該程式，而行程是系統分配資源的最小單位，每一個行程都有獨立的系統資源，不同行程之間的資源是無法共用的。每個行程包含了兩個部分：記憶體空間（Memory Space）、一個以上的執行緒。

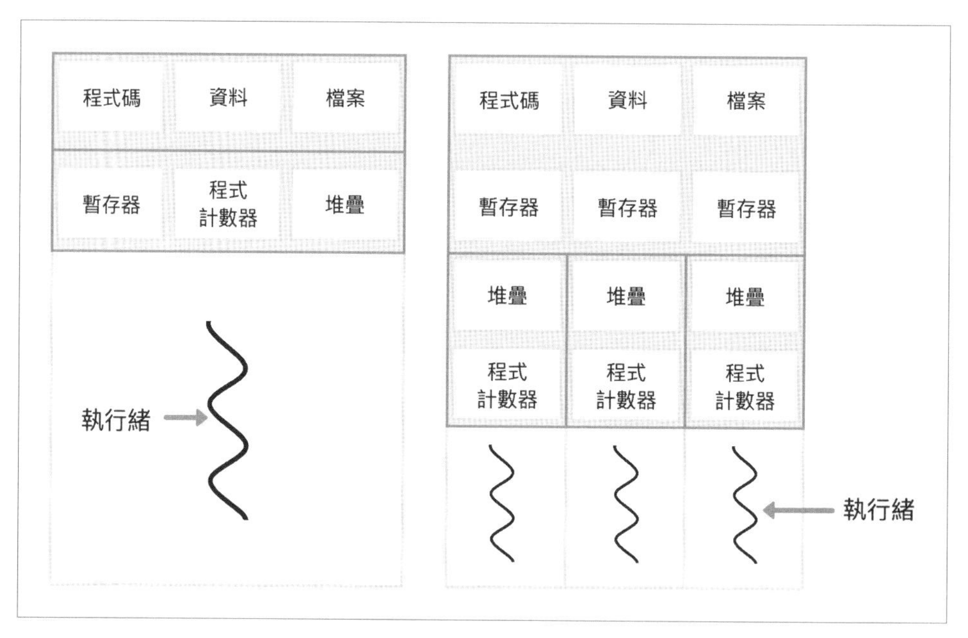

圖 1-2　單執行緒行程及多執行緒行程

（圖片來源：作業系統精論 圖 4.1）

如果說行程是系統分配資源的最小單位，那麼執行緒就是系統執行的最小單位，每一個行程最少會有一個執行緒，執行緒是根據分配到的 CPU 時間來執行，所以當有任務需要執行，只要該執行緒獲得系統分配的 CPU 時間後就可以開始執行。

前面得知，每一個程式被載入到記憶體之後，系統便會產生一個行程，而這個行程至少會有一個執行緒，在沒有建立額外的執行緒下，若有任務佔用了這唯一的執行緒，此時若有其他任務需要執行時，就沒有辦法取得執行緒的執行資源。回到 Android 的例子，Android 的主執行緒因為必須要更新畫面及處理輸入事件，假設主執行緒被佔用太長時間，那麼可能就沒有辦法給予使用者良好的使用體驗。

圖 1-3 為 macOS 的活動監視器，每一個行程都有一個唯一的 PID（Process ID），並且可以擁有多個執行緒，同時也會依照需求由系統分配 CPU 時間給該行程。

活動監視器
所有程序
CPU　記憶體　能耗　磁碟　網路

程序名稱	% CPU	CPU 時間	PID	執行緒	記憶體	閒置喚醒	% GPU
WindowServer	11.0	3:37:14.07	583	24	592.8 MB	173	4.5
Android Studio	8.3	6:34:00.50	8275	105	3.97 GB	110	0.6
kernel_task	6.9	2:34:47.99	0	524	2.2 MB	638	0.0
活動監視器	3.1	1.75	28246	5	54.7 MB	4	0.0
iTerm2	2.5	27:30.05	1218	8	114.0 MB	4	0.1
Skype	2.1	27:03.91	8025	79	194.7 MB	3	0.0
WindowManager	1.5	2:44.50	1132	5	22.9 MB	1	0.0
Atom	1.3	25:21.41	1219	31	263.0 MB	31	0.0
bluetoothd	1.2	21:06.46	574	11	14.5 MB	1	0.0
Brave Browser	1.1	17:55.04	15179	38	444.9 MB	4	0.0
GitKraken Helper (Renderer)	1.1	17:40.25	8179	54	544.9 MB	21	0.0
adb	1.1	4:19.22	17866	7	17.7 MB	1	0.0
MarkText	0.9	6:08.26	19714	30	122.6 MB	31	0.0
IntelliJ IDEA	0.8	14:10.32	17867	105	3.43 GB	89	0.0
Dropbox	0.8	15:27.03	8534	147	354.0 MB	14	0.0
Finder	0.8	2:41.14	1230	9	258.3 MB	0	0.0

		CPU 負載		
系統：	4.05%		執行緒：	5,279
使用者：	[illegible]		程序：	806
閒置：	89.29%			

圖 1-3　macOS 內的活動監視器

心智圖

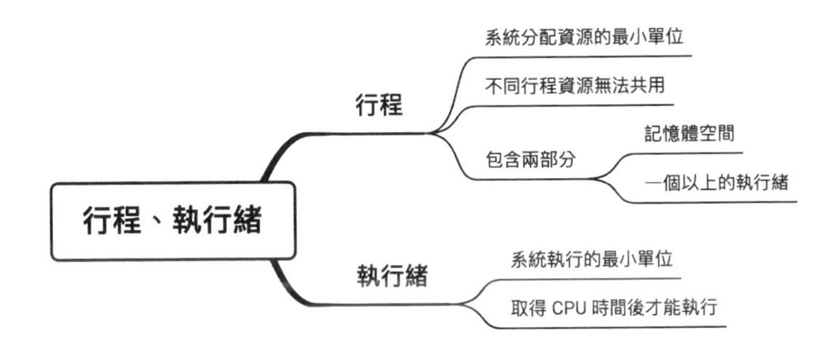

1-3 執行緒函式庫

不同作業系統有著不同的行程及執行緒管理方式，如 Windows 作業系統使用 Windows API，Unix-like（Linux 及 macOS）作業系統採用 Pthreads。那為什麼用 Java 寫的程式碼，放在不同作業系統上都能使用相同的 API 來使用執行緒呢？這是因為 Java 是透過 JVM（Java Virtual Machine，Java 虛擬機器）將編譯過的 Bytecode 放到 JVM 上去執行，不同平台使用不同的 JVM，因為有 JVM 這層，所以使用者端就不需考慮底層行程及執行緒的管理，對上層開發者來說便可以用相同的介面來使用執行緒。

Kotlin/JVM 的程式碼與 Java 相同，是將程式碼編譯成 Bytecode 之後，並放在 JVM 上執行，所以 Kotlin 與 Java 同樣可以在不同作業系統上使用相同的執行緒 API。

那要怎麼在 Kotlin 建立並使用執行緒呢？有兩種方式可以將任務跑在新的執行緒：繼承 Thread 類、實作 Runnable 介面。

1-3-1 方法一：繼承 Thread 類

【步驟】

1. 繼承 Thread 類。
2. 覆寫 run 函式。

使用繼承 Thread 類的方式，將需要執行的任務放在 `run` 函式內，這種方法的好處是簡單。建立實例後，呼叫 `start` 函式來啟動該執行緒，而不需要額外的 Thread 建構式。假如欲繼承 Thread 類的類別已經是其他類別的子類別時（已經繼承其它類），這個方法就沒辦法使用，因為 Kotlin 是不支援多重繼承的。

```
class MyThread: Thread() {
    private var countDown = 10

    override fun run() {
        while (countDown-- > 0) {
            println(countDown)
            yield()
        }
    }
}

fun main() {
    MyThread().start()
    println("Waiting!")
}
```

Example 1-1，繼承 Thread() 建立新執行緒

```
Waiting!
9
8
7
6
5
4
3
2
1
0
```

1-3-2 方法二：實作 Runnable 介面

【步驟】

1. 實作 Runnable 介面。
2. 實作 run 函式。

類似於方法一，實作 Runnable 介面後，把要在執行緒裡執行的動作放在 run 函式裡，當該類別被傳入 Thread 建構式 * 中，並且呼叫 **start** 函式時，該類別內的任務將會被放在一個新的執行緒中執行。

```
class MyRunnable: Runnable {
    private var countDown = 10

    override fun run() {
        while (countDown-- > 0) {
            println(countDown)
            yield()
        }
    }
}

fun main() {
    val runnable = MyRunnable()
    val thread = Thread(runnable)
    println("Waiting!")
    thread.start()
    thread.join()
}
```

Example 1-2，實作 Runnable 建立執行緒

```
Waiting!
9
8
7
6
5
4
3
2
1
0
```

能將 Runnable 傳進 Thread，是因為 Thread 的建構式是多載的，加上 Thread 本身就有實作 Runnable，所以若是有將 Runnable 作為參數傳入建構式中，在 Thread 的 run 函式內就會執行傳入 Runnable 的 run 函式，而不是 Thread 本身的 run 函式。

```
public
class Thread implements Runnable {

    private Runnable target;
    ...

    public Thread(Runnable target) {
        init(null, target, "Thread-" + nextThreadNum(), 0);
    }

    private void init(ThreadGroup g, Runnable target, String name,
                      long stackSize, AccessControlContext acc,
                      boolean inheritThreadLocals) {
        ...
        this.target = target;
        ...
    }

    @Override
    public void run() {
        if (target != null) {
            target.run();
        }
    }
    ...
}
```

1-3-3 補充：用 Kotlin 標準函式的高階函式建立執行緒

Kotlin 標準函式庫提供了用來建立執行緒的高階函式：**thread**。Kotlin 的 thread 函式位於 **kotlin.concurrent** 下。其內容如下，其實在裡面也是使用 Thread 建立執行緒，函式的最後一個參數為 **block: ()->Unit** 代表是一個匿名函式，可以使用 Lambda 表達式呈現。

```
public fun thread(
    start: Boolean = true,
    isDaemon: Boolean = false,
    contextClassLoader: ClassLoader? = null,
    name: String? = null,
    priority: Int = -1,
    block: () -> Unit
): Thread {
    val thread = object : Thread() {
        public override fun run() {
            block()
        }
    }
    if (isDaemon)
        thread.isDaemon = true
    if (priority > 0)
        thread.priority = priority
    if (name != null)
        thread.name = name
    if (contextClassLoader != null)
        thread.contextClassLoader = contextClassLoader
    if (start)
        thread.start()
    return thread
}
```

Example 1-3 是將 Example 1-1 改成使用 Kotlin 所提供的高階函式來建立執行緒，使用這種方法，我們可以用更簡單的方式建立一個執行緒：

```
fun main() {
    thread {
        var countDown = 10

        while (countDown-- > 0) {
            println(countDown)
            yield()
        }
    }
    println("Waiting!")
}
```

Example 1-3，使用 Kotlin 高階函式 thread{ } 建立執行緒

```
Waiting!
9
8
7
6
5
4
3
2
1
0
```

心智圖

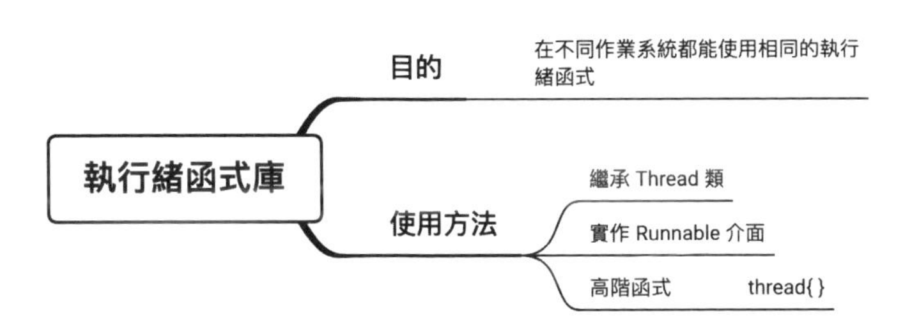

1-4 執行緒的問題

在 1-3 節的範例裡，可以發現執行緒的建立及呼叫並不會太困難，那麼為什麼需要使用 Coroutine 來執行非同步任務呢？在 1-1 節我們提到，Coroutine 是將使用執行緒上許多需要考慮的事情封裝起來，讓開發者能夠用更容易的方式操作執行緒，所以究竟使用執行緒需要考慮哪些問題，而 Coroutine 又改善了哪些地方呢？我們將在接下來的內容介紹給各位讀者。

問題一，如何取出執行緒裡面的值？

在 Example 1-4 中，**ThreadWithValue** 是實作 Runnable 介面的類別，在這個類別中，當執行緒啟動並執行時，會把類別裡的整數 value 加 1，為了能夠從外部取得 value 的值，於是提供一個 **getValue** 函式。

當建立 **ThreadWithValue** 類的實體後，將其傳入一 **Thread** 建構式執行，呼叫 **start** 函式來啟動執行緒。預期執行完之後，在 ThreadWithValue 中的整數 value 應該為 1。但是當我們使用 getValue() 取得 value 的值時，得到的結果卻是 0。

原因在於，呼叫 **println()** 函式的地方是主執行緒，在呼叫的當下其實新建的執行緒還沒有被執行，它只是在 JVM 層級啟動一個執行緒，真正的執行緒啟動的時間必須要等到系統層級的 CPU 排班機制將該執行緒分配 CPU 的執行時間後才會執行。

```
class ThreadWithValue : Runnable {
    private var value = 0

    override fun run() {
        println("run")
        value++
    }
```

```
    fun getValue(): Int {
        return value
    }
}

fun main() {
    val threadWithValue = ThreadWithValue()
    val thread = Thread(threadWithValue)
    thread.start()
    println(threadWithValue.getValue())
}
```

Example 1-4，不能直接取得不同執行緒的變數

```
0
run
```

解決方法 1：強制等待執行緒完成才往下執行

如果希望讓新建的執行緒先執行，有個很簡單的作法，就是強制等待執行緒完成才往下執行。我們可以使用 **join** 函式將這個執行緒的任務加入主執行緒。

```
fun main() {
    val threadWithValue = ThreadWithValue()
    val thread = Thread(threadWithValue)
    thread.start()
    thread.join()                  // <- 加入此行
    println(threadWithValue.getValue())
}
```

```
run
1
```

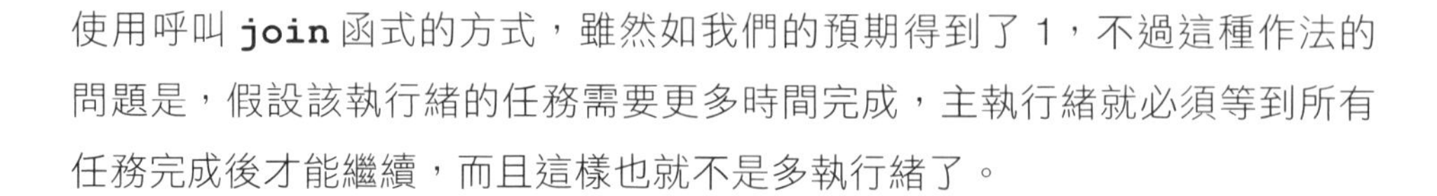

使用呼叫 **join** 函式的方式，雖然如我們的預期得到了 1，不過這種作法的問題是，假設該執行緒的任務需要更多時間完成，主執行緒就必須等到所有任務完成後才能繼續，而且這樣也就不是多執行緒了。

解決方法 2：實作 Callable 介面，讓類別能夠產生回傳值

Callable 介面位於 **java.util.concurrent**。實作這個介面，並且藉由覆寫 **call** 函式，我們就能夠從執行緒得到回傳值，與 Runnable 不同，實作 Callable 介面的類別無法直接傳入 Thread 內執行。我們可以先傳入至 **FutureTask**，在將 FutureTask 傳入至 Thread 中。當我們要從 Callable 取得回傳的結果，只要呼叫 FutureTask 的 **get** 函式即可取得。用法如下：

```
class MyCallable : Callable<Int> {
    private var value = 0

    init {
        println("Thread init")
    }

    fun add() {
        println("add")
        value++
    }

    override fun call(): Int {
        return value
    }
}

fun main() {
    val callable = MyCallable()
    val futureTask = FutureTask(callable)
    val thread = Thread(futureTask)
    println("Start")
    thread.start()
```

```
    callable.add()
    println(futureTask.get())
}
```

Example 1-5，實作 Callable 介面，從 call() 函式取得回傳值

```
Thread init
Start
add
1
```

且慢

如果 **futureTask.get()** 在執行緒啟動之前就呼叫（比 **thread.start()** 早呼叫），會因為執行緒還沒有準備好，所以會卡住。只會印出 **Threadinit**，而不會繼續執行下去。

```
fun main() {
    val callable = MyCallable()
    val futureTask = FutureTask(callable)
    val thread = Thread(futureTask)
    println(futureTask.get()) // <- 在 thread.start() 之前呼叫
    println("Start")
    thread.start()
    callable.add()
    println(futureTask.get())
}
```

```
Thread init
```

若是在呼叫 **callable.add()** 之前就已經呼叫 **futureTask.get()**，那麼在之後的 **futureTask.get()** 也會取到錯誤的值。

```
fun main() {
    val callable = MyCallable()
    val futureTask = FutureTask(callable)
    val thread = Thread(futureTask)
    println("Start")
    thread.start()
    println(futureTask.get()) // <- get() 在 add() 之前
    callable.add()
    println(futureTask.get())
}
```

```
Thread init
Start
0
add
0
```

那麼，如果我們在執行緒完成任務之後主動把結果傳回呢？

解決方法 3：使用回呼函式

將一個回呼（Callback）函式傳入執行緒中，當執行緒內的任務完成後，呼叫 Callback 把結果傳出來。

```
fun interface Callback {
    fun invoke(value: Int)
}

class ThreadWithCallback2(private val callback: Callback) : Runnable {
    private var value = 0

    override fun run() {
        callback.invoke(++value)
    }
}
```

```
fun main() {
    val threadWithCallback = ThreadWithCallback2 { value ->
        println(value)
    }

    val thread = Thread(threadWithCallback)
    thread.start()
}
```

Example 1-6，回呼函式傳入執行緒，任務完成後才呼叫

```
1
```

若介面內只有一個函式，稱為功能性介面（Functional Interface）或單一抽象方法介面（Single Abstract Method (SAM) Interface）。在 Kotlin 中，使用功能性介面可以在 interface 前面加上 fun，在呼叫端就可以使用 Lambda 表達式的方式直接使用。

看起來使用 **Callback** 可以在任務完成的時候就立刻取得回傳值，是個不錯的選擇，但是使用 **Callback** 的時候，有些問題需要注意。

問題二：使用 Callback 的問題

太多層 Callback 會造成回呼地獄（Callback hell）

回到本章一開始的範例，假設前兩個函式皆為耗時任務，若改用 Callback 的方式從執行緒取回結果。在名稱加上 Async 後綴表示非同步任務，將 Callback 加入參數的最後一項，函式最後的簽章改成：

```
fun loginAsync(userName: String, password: String,
               callback: (Token) -> Unit){
    thread {
        //....
```

```
        callback.invoke(token)
    }
}

fun fetchLatestContentAsync(token: Token,
                            callback: (List<Contents>) -> Unit){
    thread {
        val content = service.fetchContent(token)
        callback.invoke(contents)
    }
}

fun showContents(contents: List<Contents>){ ... }
```

callback: (Token) -> Unit 是一個函式型態（Function Type），表示函式的參數是 Token 回傳值的型別為 Unit（無回傳值）。

最後程式碼成為：

```
fun showContents() {
    loginAsync(userName, password) { token ->
        fetchLatestContentAsync(token) { contents ->
            showContents(contents)
        }
    }
}
```

如果函式的最後一個參數是 Function Type，在呼叫時，可以改用 Lambda 表達式的方式來寫，不需建立實例，直接用匿名函式的方式實作。

雖然使用 Callback 可以避免使用 **join()** 函式佔用呼叫端執行緒的問題。不過如果我們需要使用多個 Callback 從不同的任務中取得結果，如上面的範例 Callback 太多層程式碼就會變得不好閱讀、不容易維護，這種情況又稱為回呼地獄（Callback Hell）。

控制權轉移（Inversion of Control）

另一個問題是，使用 Callback 會發生控制權轉移，什麼是控制權轉移呢？看下面的範例：

假如有兩個函式，它們都各有兩個參數，第一個參數為輸入的值，另一個參數則為一個 Lambda 表達式，作為 Callback 使用。由下方的程式碼可以得知，呼叫 doA 函式會將輸入的數值利用 callback 傳出去，同樣地，呼叫 doB 函式也會將輸入的數值透過 callback 傳遞出去。

```
fun doA(value: Int, callback: (Int) -> Unit) {
    callback(value)
}

fun doB(value: Int, callback: (String) -> Unit) {
    callback(value.toString())
}
```

假如我們將這兩個函式串在一起。

```
doA(1){ valueA ->
    doB(valueA){ valueB ->
        println(valueB)
    }
}
```

當我們呼叫上面這段程式，doA 函式會將 1 作為 doB 函式的輸入值傳入。最後就由 doB 函式列印出 1。

如果 doA 函式的內部不小心呼叫兩次 callback：

```
fun doA(value: Int, callback: (Int) -> Unit) {
    callback(value)
    callback(value)
}
```

原本的結果就會出現連續兩個 1。這明顯不是我們預期的結果，而這就是控制權轉移所可能造成的情況：doB 函式將自己輸入數值的控制權轉交給 doA 函式，當 doA 函式被錯誤呼叫時，後面的結果就會出錯。

問題三：取消執行緒

執行緒如果啟動一個耗時任務，在一般的情況下，必須要等到執行緒內的任務完成後才會結束，如果強制終止執行緒可能會造成執行緒的資源無法順利釋放。一般的作法是會用一個布林值作為信號，執行緒內的任務會依據這個信號值來決定是否繼續執行，如果需要關閉執行緒，將該信號值設為 false 即可。我們知道執行緒是在取得 CPU 時間之後才能執行，也就是說如果我們將信號值設為 false，會在下一次取得 CPU 時間的時候，才會將執行緒關閉；換句話說，有可能沒有辦法立即的關閉該執行緒。

在 Example 1-7 中，根據 isRunning 信號值決定是否執行執行緒內的 **run** 函式，當我們在外部將執行緒內的 isRunning 改為 false 時，此執行緒將會終止。

```
class StoppableThread : Runnable {
    var isRunning: Boolean = true
    private var i = 0

    override fun run() {
        while (isRunning) {
            i++
            TimeUnit.MILLISECONDS.sleep(100)
        }
        println("Thread has been stopped: $i")
    }
}


fun main() {
    val stoppableThread = StoppableThread()
    val thread = Thread(stoppableThread)
```

```
    thread.start()
    TimeUnit.SECONDS.sleep(1)
    stoppableThread.isRunning = false
    println("Done")
}
```

Example 1-7，使用布林值取消執行緒

```
Done
Thread has been stopped: 10
```

如果能夠取得執行緒的物件，可以呼叫 **interrupt** 函式來中斷該執行緒。

```
class InterruptableThread : Runnable {
    override fun run() {
        while (Thread.currentThread().isInterrupted) {
            i++
            TimeUnit.MILLISECONDS.sleep(100)
        }
        println("Thread has been stopped: $i")
    }
}

fun main() {
    val interruptableThread = InterruptableThread()
    val thread = Thread(interruptableThread)
    thread.start()
    TimeUnit.SECONDS.sleep(1)
    thread.interrupt()
    println("Done")
}
```

Example 1-8，呼叫 thread.interrupt() 取消執行緒

```
Thread has been stopped: 0
Done
```

從 Example 1-8 的結果得知，若執行緒因呼叫 **sleep** 函式而進入阻塞的狀態，這個時候可以呼叫 **thread.interrupt()** 中斷。

不過，若呼叫 **interrupt** 函式的時候，執行緒正在使用某個 **synchronized** 函式，這時候就會拋出 **InterruptedException**，需要使用 **try-catch{ }** 捕捉例外，才能繼續執行。如 Example 1-9，有一 Money 類別，其中 **add** 函式用 **@Synchronized** 標記，表示這個函式是同步的，當某一個執行緒呼叫 **add** 函式時，另一個執行緒就無法呼叫，避免產生衝突。而在 **SynchronizedBlocked** 的 **run** 函式內，每次呼叫 **money.add()** 的時候，就會暫停 100 毫秒，接著重複執行相同的動作。

```
class Money {
    private var i: Int = 0

    @Synchronized
    fun add(): Int {
        ++i
        return i
    }
}

class SynchronizedBlocked(private val money: Money) : Runnable {
    override fun run() {
        try {
            while (true) {
                val value = money.add()
                println("current value $value
                        ${Thread.currentThread().name}")
                TimeUnit.MILLISECONDS.sleep(100)
            }
        } catch (e: InterruptedException) {
            println("Interrupted ${Thread.currentThread().name}")
        }
        println("Thread has been stopped:
                ${Thread.currentThread().name}")
    }
}
```

Example 1-9，中斷呼叫 synchronized 函式的執行緒

在 main() 函式，直接建立兩個執行緒，並將相同的 Money 實例傳進 **SynchronizedBlocked** 類中，在 200 毫秒之後，立刻呼叫這兩個執行緒的 interrupt 函式中斷。

```
fun main() {
    val money = Money()

    val synchronizedBlocked = SynchronizedBlocked(money)
    val synchronizedBlocked2 = SynchronizedBlocked(money)

    val thread = Thread(synchronizedBlocked)
    val thread2 = Thread(synchronizedBlocked2)

    thread.start()
    thread2.start()

    TimeUnit.MILLISECONDS.sleep(200)

    thread.interrupt()
    thread2.interrupt()

    println("Done")
}
```

結果可以分為兩個部分來解讀，第一部分，加上 @synchronized 的函式的確可以在不同執行緒上同步資源，亦即同時只會有一份資源能被修改。第二部分，這兩個執行緒都分別印出 Interrupted Thread-x，表示當該執行緒被中斷的時候，的確會拋出例外。

```
current value 2 Thread-1
current value 1 Thread-0
current value 3 Thread-0
current value 4 Thread-1
Done
Interrupted Thread-1
```

```
Interrupted Thread-0
Thread has been stopped: Thread-0
Thread has been stopped: Thread-1
```

巢狀的執行緒

如果在執行緒裡面建立另一個執行緒執行一個耗時任務，當中斷外層的執行緒時，內層的執行緒並不會同時被中斷，而且如此內層執行緒就會永遠無法被終止，除非任務結束。

Example 1-10 使用兩個 Kotlin 提供的高階函式來建立巢狀執行緒，在外層執行緒裡面建立另一個執行無窮迴圈的執行緒。當主執行緒呼叫 sleep 函式休眠之後，立刻呼叫外層執行緒的 interrupt 函式中斷外層執行緒。從結果發現，雖然外層執行緒被中斷了，但是內層執行緒卻沒有中斷，依然在繼續執行中。

```
fun main() {
    val outerThread = thread { //outer thread
        var i = 0

        thread { //inner therad
            println("InnerThread run!")
            while (true) {
                TimeUnit.MILLISECONDS.sleep(100)
            }
            println("InnerThread done!")
        }

        while (Thread.currentThread().isInterrupted) {
            i++
            TimeUnit.MILLISECONDS.sleep(10)
        }

        println("Thread has been stopped: $i")
    }
```

```
    TimeUnit.MILLISECONDS.sleep(200)
    outerThread.interrupt()
}
```

Example 1-10，取消巢狀執行緒

```
InnerThread run!
Thread has been stopped: 0
```

問題四：頻繁內容轉換（Context Switch）會影響效能

在內容轉換時，必須儲存完整的 CPU 暫存器狀態，以便在下次 CPU 時間能夠回復原本的狀態，要把完整的 CPU 暫存器狀態儲存起來，所耗費的資源是相當大的。

Coroutine 可以看作是輕量級的執行緒，當需要內容轉換時，所需要轉換的內容比起執行緒上的內容轉換要來的少，因為在 Kotlin 的 Coroutine 是一種無棧協程（Stackless Coroutine），它在內容轉換時所保留的變數，是利用閉包（Closure）語法來實現，因為不需要額外建立一塊儲存空間，所以這種方式能夠更節省資源。

問題五：如何捕捉執行緒內的例外

程式執行難免發生例外（Exception），一般我們會使用 try-catch 來捕捉，但如果是在執行緒上，直接使用 try-catch 是無法捕捉例外的。

下面的類別 ThreadWithException 是一個繼承 Thread 的類別，我們在 **run** 函式內執行了一個無窮迴圈，並在執行一秒之後拋出例外。

```
class ThreadWithException : Thread() {
    override fun run() {
```

```
        super.run()
        while (true) {
            println("Thread Start")
            TimeUnit.SECONDS.sleep(1)
            throw RuntimeException("Something happened")
        }
    }
}
```

Example 1-11，含有例外的執行緒

在呼叫端，也就是我們的 main() 函式，我們直接呼叫 **start** 函式啟動執行緒，且沒有用 try-catch 來捕捉例外，結果如下所示，在終端機畫面上，印出了 Main Thread Start，Thread Start 的 Log，接著印出了例外的訊息。

```
fun main() {
    ThreadWithException().start()
    println("Main Thread Start")
}
```

```
Main Thread Start
Thread Start
Exception in thread "Thread-0" java.lang.RuntimeException:
Something happened
    at coroutine.ch1.ThreadWithException.run(Example11.kt:11)

Process finished with exit code 0
```

接下來，我們在 main() 函式裡，補上 try-catch 試圖捕捉執行緒內的例外，沒想到 try-catch 沒辦法捕捉這個例外。

```
fun main() {
    try {
        ThreadWithException().start()
    } catch (e: java.lang.RuntimeException) {
```

```
        println("Thread has exception")
    }
    println("Main Thread Start")
}
```

```
Main Thread Start
Thread Start
Exception in thread "Thread-0" java.lang.RuntimeException:
Something happened
    at com.andyludeveloper.kotlin_coroutine_book_example.thread.
ThreadWithException.run(ThreadWithException.kt:11)

Process finished with exit code 0
```

要怎麼捕捉執行緒的例外呢？

可以使用 **Thread.UncaughtExceptionHandler**。當執行緒遭遇了例外無法繼續執行時，**Thread.UncaughtExceptionHandler.uncaughtException()** 就會自動被執行。使用方法如下：

```
fun main() {
    val threadWithException = ThreadWithException()
    threadWithException.uncaughtExceptionHandler =
        Thread.UncaughtExceptionHandler { _, ex
                 -> println("Uncaught exception: $ex")
         }
    threadWithException.start()
    println("Main Thread Start")
}
```

```
Done
Thread started
Uncaught exception: java.lang.RuntimeException: Something happened

Process finished with exit code 0
```

心智圖

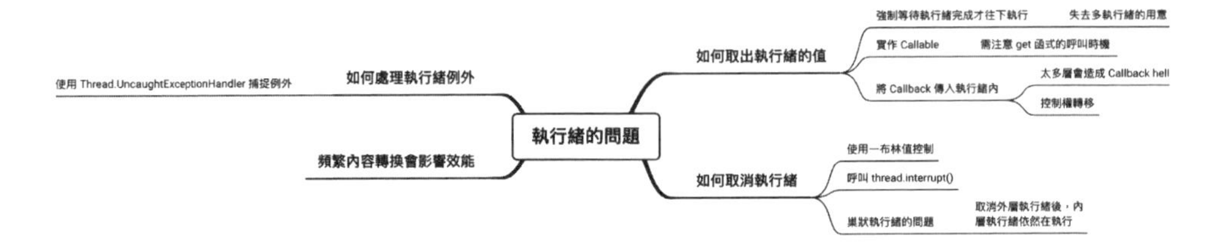

小結

從循序程式設計進入非同步程式設計，也就是進入了多執行緒的世界。要能夠妥善使用執行緒，首先要先認識執行緒與作業系統的關係。因為不同作業系統有著不同的行程、執行緒的設計，為了要在不同的作業系統上都能使用相同的執行緒函式，使用執行緒函式庫能夠幫助我們不需考慮各個系統的執行緒的差異就能夠開始進行開發。

非同步程式設計能讓系統更有效的利用資源來執行任務。雖然新建執行緒是一種最容易的方式，但直接使用執行緒會有一些問題需要考慮，如從執行緒中取回結果、內容切換的效能浪費、例外處理⋯

接下來的章節，我們將進入 Coroutine 的世界，探討如何使用 Coroutine 解決非同步的問題。

Chapter

2

Coroutine 簡介

本章目標

- 了解協同式多工與搶佔式多工的差異
- 了解無棧式協程與有棧式協程的不同
- 了解 Kotlin Coroutine 的三大要素

Coroutine 是由 cooperation 加上 routine 所組合而成的複合字，cooperation 指共同合作，這裡的 routine 意指 function、method，意思是協同處理多個程序（協程）。

> *Routine(n.) - a sequence of computer instructions for performing a particular task*
>
> *Merriam-webster*

前一章提到為了不讓耗時任務影響使用者體驗，我們會建立新執行緒讓這些耗時任務在不同的執行緒上執行，避免佔用主執行緒，這種任務的執行方式稱為非同步任務。在非同步的任務有些地方需要特別注意的，例如要如何在不同執行緒上取回結果，頻繁的 Context Switch 會造成系統的負擔 ... 等等，而 Coroutine 就是瞄準解決使用執行緒上的問題，讓開發者能夠用更直覺、容易地方式來解決這些問題。在本章中，我們從執行緒與 Coroutine 的差異開始講起，接著介紹 Coroutine 的架構，最後是 Kotlin Coroutine 的三大要素，從本章開始，我們將逐步進入 Coroutine 的領域，揭開神秘的面紗。

2-1 在專案中使用 Coroutine

在 Kotlin 官方 **`kotlinx.coroutine`** 函式庫中，包含了多個部分：core、ui、test⋯本章及之後章節主要是進行核心部分的介紹，只需要加上 core 即可。

開始進入本章的範例之前，先把 kotlinx.coroutines-core 加入至專案中，方法如下：

```
dependencies {
    implementation("org.jetbrains.kotlinx:kotlinx-coroutines-
core:1.6.4")
}
```

編寫本書時，Coroutine 的版本為 1.6.4。

Coroutine 常被拿來與執行緒做比較，那麼它們兩個到底有什麼不同呢？

2-2 搶佔式多工 VS 協同式多工

2-2-1 搶佔式多工

首先，我們知道每一個應用程式有一個行程以及至少一個執行緒。行程有一塊獨立的記憶體用來把自己應用程式所需的資源與其他應用程式的資源隔離開來，並且依照需求建立執行緒來執行任務，行程可以看作是容器，執行緒可以看作是執行單位。

雖然每一個行程可以建立一個或多個執行緒，但是它們與其他行程所共同分享的是 CPU 的使用時間，系統會根據執行緒的優先權來分配 CPU 時間給執行緒來使用，也就是説，只要有一個優先權較高的任務準備好，就可以中斷當下優先權較低的任務。這種由系統根據執行緒的優先權來分配 CPU 時間的多工方式稱作**搶佔式多工（Preemptive Multitasking）**。

執行緒優先權的設定有三點需要特別注意：

1. 我們使用的是執行緒函式庫提供的優先權，雖然在 Thread.java 中有三個優先權可以設定（MIN_PRIORITY、NORM_PRIORITY 以及 MAX_PRIORITY），不過卻不一定能一對一的對應到各個平台的執行緒優先權。
2. 設定優先權只是告知系統這邊有一個優先權比較高的任務，系統會不會分配 CPU 時間給這個任務，最終的決定權還是交由系統作決定。
3. 如果每件任務都把優先權設成 MAX_PRIORITY，那麼其實跟沒設定一樣。

換句話說，使用優先權來決定我們的程式碼執行的順序，是比較不建議的方法，因為會有可能在不同平台上有不同的行為。

Example 2-1 用 **Executors.newCachedThreadPool()** 建立一個執行緒池（Thread Pool），在這個執行緒池裡建立任務，其中執行優先權為 MIN_PRIORITY 的任務三次，接著執行優先權為 MAX_PRIORITY 的任務一次，呼叫 **shutdown** 函式按照順序關閉執行的任務，並讓此執行緒池不能執行新的任務。

```
class ThreadPriority(
    private var id: Int, private var priority: Int) : Runnable {

    private var countDown = 3
    private var d: Double = 0.0

    override fun toString(): String =
      "($id) ${Thread.currentThread()} : $countDown"

    override fun run() {
        println("($id) run: priority: $priority")
        Thread.currentThread().priority = priority
        while (true) {
            repeat(1000) {
                d += List(5000) { Random.nextDouble() *
                                        Random.nextDouble() }
                    .shuffled()
                    .maxOf { value -> value }

                if (it % 100 == 0) Thread.yield()

                println(this)
                if (--countDown == 0) {
                    return
                }
            }
        }
    }
}
```

Example 2-1，搶佔式多工範例

```
fun main() {
    val exec = Executors.newCachedThreadPool()
    repeat(3) {
        exec.execute(ThreadPriority(0, Thread.MIN_PRIORITY))
    }
    exec.execute(ThreadPriority(1, Thread.MAX_PRIORITY))
    exec.shutdown()
}
```

結果如下，執行的順序並不是完全按照高優先權至低優先權的順序，優先權較低的任務還是可以在高優先權任務之前執行：

```
(0) run: priority: 1
(0) run: priority: 1
(0) run: priority: 1
(1) run: priority: 10
(1) Thread[pool-1-thread-4,10,main] : 3
(0) Thread[pool-1-thread-2,1,main] : 3
(0) Thread[pool-1-thread-1,1,main] : 3
(0) Thread[pool-1-thread-2,1,main] : 2
(1) Thread[pool-1-thread-4,10,main] : 2
(0) Thread[pool-1-thread-3,1,main] : 3
(0) Thread[pool-1-thread-3,1,main] : 2
(1) Thread[pool-1-thread-4,10,main] : 1
(0) Thread[pool-1-thread-1,1,main] : 2
(0) Thread[pool-1-thread-2,1,main] : 1
(0) Thread[pool-1-thread-1,1,main] : 1
(0) Thread[pool-1-thread-3,1,main] : 1
```

* 此範例程式碼參考 Thinking In Java 4/e Ch21 並行性一章中優先權的範例（concurrency/SimplePriorities.java）

2-2-2 協作式多工

Coroutine 是一種協作式多工（Cooperative Multitasking），相較於搶佔式多工，協作式多工要求每一個執行中的程式，定時放棄自己的執行權力，告知作業系統可以讓下一個程式執行。也就是說 Coroutine 的調度是由 Coroutine 自行控制，而不是由系統來決定，畢竟在系統的角度下根本不知道有 Coroutine 的存在。

Example 2-2，為了建立一個 Coroutine，第一步需要建立一個 Coroutine 作用域 *（CoroutineScope），在 **main()** 函式使用 **runBlocking** 函式建立一個 CoroutineScope。

如果沒有建立一個 CoroutineScope，就無法呼叫 suspend 函式，當然 Coroutine 也無法建立。

在 runBlocking 內使用 Coroutine 建構器（Coroutine Builder）- **launch** 函式 - 建立一個 Coroutine，並在裡面執行一個無窮迴圈，每一次迴圈的任務會呼叫 println("do something: $i") 印出訊息，接著呼叫 **delay(100)** 將此 Coroutine 暫停 100 毫秒。

而在 **launch** 函式外層，依序執行了下列四個任務，其中 **delay** 函式會暫停呼叫端的 Coroutine，**job.cancel()** 取消 launch 建立的 Coroutine：

- **println("start")**。
- **delay(300)**。
- **job.cancel()**。
- **println("done")**。

```
fun main() = runBlocking {
    var i = 0
    val job = launch {
        while (true) {
            println("do something: $i")
            delay(100)
            i++
```

```
        }
    }
    println("start")
    delay(300)
    job.cancel()
    println("done")
}
```

Example 2-2，Coroutine 是協同式多工

執行這段程式碼的結果如下：

```
start
do something: 0
do something: 1
do something: 2
done
```

Coroutine 會依照區塊的結構來啟動任務，稱為**結構化併發**（Structured Concurrency），執行順序會由 CoroutineScope 的外層至內層，由上面至下面。執行的詳細敘述如下：

在這段程式中有兩個 Coroutine，一是由 **runBlocking** 函式所建立的外層 Coroutine，以及由 **launch** 函式所建立的內層 Coroutine。

外層 Coroutine 的 println("start") 會先執行，接著因呼叫了 **delay(300)** 將自己暫停 300 毫秒，當外層 Coroutine 暫停之後，會去尋找下一個可以執行的 Coroutine，也就是必須將 Coroutine 的控制權由外層 Coroutine 交給其他 Coroutine 使用，在這個範例中，會找到由 **launch** 函式建立的內層 Coroutine。

在內層 Coroutine 有一無窮迴圈，會先呼叫 **println("do something: $i")** 列印字串，接著呼叫 **delay(100)** 暫停內層 Coroutine 100 毫秒。在內層 Coroutine 暫停時，此時會尋找下一個可以執行的 Coroutine，不過因為

外層 Coroutine 因呼叫 delay(300) 而被暫停 300 毫秒，所以在外層 Coroutine 還在暫停狀態時，就算 **launch** 函式內呼叫 delay(100) 暫停 Coroutine，也不會切換 Coroutine 的控制權，直到外層 Coroutine 的暫停時間結束，恢復（Resume）執行，執行流程可參考圖 2-1。

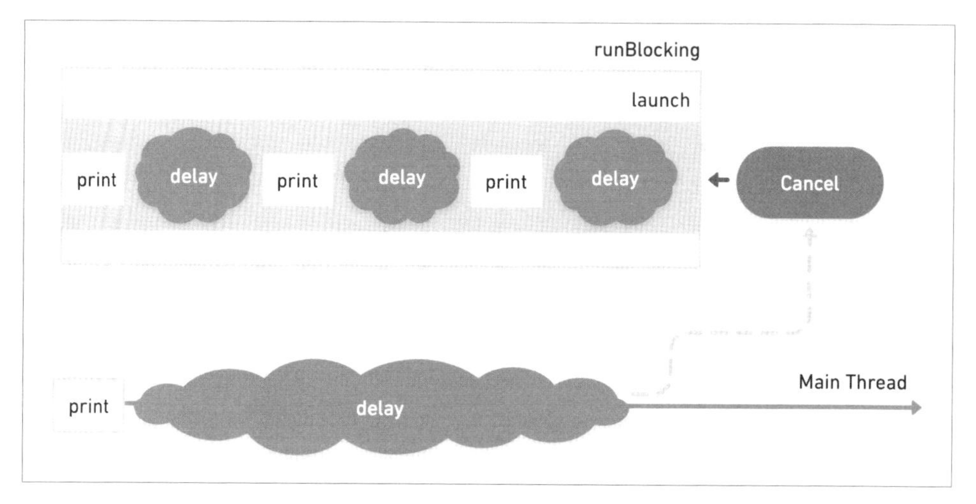

圖 2-1　執行流程圖

Coroutine 的 delay 函式 V.S Thread 的 sleep 函式

Coroutine 的 **delay** 函式與 Thread 的 **sleep** 函式雖然看起來相似，其實是不同的意義，首先，**delay** 函式是 suspend 函式，必須要在 Coroutine 內才能使用，而 sleep 函式則可以在任意地方呼叫。第二，**delay** 函式是暫停 Coroutine，不是暫停執行緒，當 Coroutine 被暫停後，就會找尋下一個可以執行的 Coroutine 將執行權交由它執行，這也就是我們在前面說的：協作式多工會主動放棄自己的執行權力；反之，Thread 的 **sleep** 函式是暫停執行緒，也就是阻塞執行緒，並讓作業系統把控制權交給下一個需要 CPU 時間的任務。

> *"The major difference is that delay is nonblocking while Thread.sleep() is blocking - Programming Android with Kotlin"*

如果我們將上例用 **Thread.sleep()** 來取代 **delay()**，因 **Thread.sleep()** 是阻塞當下的執行緒，所以執行這段程式碼的執行緒（主執行緒）就因此被阻塞了，等到 **Thread.sleep()** 的時間到，Coroutine 的控制權還是在 While-Loop 裡面，雖然外層的 delay() 的時間已經到了，但是因為 Coroutine 仍然在處理 launch 區塊內的任務，所以這段程式碼就無法結束。

```
fun main() = runBlocking {
    var i = 0
    val job = launch {
        while (true) {
            println("do something: $i")
            Thread.sleep(100) //<- 用 Thread.sleep() 取代 delay()
            i++
        }
    }
    println("start")
    delay(300)
    job.cancel()
    println("done")
}
```

Example 2-3，飢餓執行緒（Thread Starvation）

```
start
do something: 0
do something: 1
do something: 2
do something: 3
do something: 4
do something: 5
do something: 6
do something: 7
do something: 8
...
```

在 IDE 上會出現一個警告：

> *Possibly blocking call in non-blocking context could lead to thread starvation*

因為 Thread.sleep() 是一種阻塞式的呼叫（Blocking Call），在非阻塞式的 context 上可能會導致執行緒飢餓（Stravation）。如 Example 2-3，因為呼叫了 Thread.sleep()，當下的執行緒會等到這個阻塞呼叫結束之後，才會繼續執行，但是由於這邊是一個無窮迴圈，最後也就導致當 Thread.sleep() 結束，最後還是卡在這個無窮迴圈，資源完全被這個呼叫佔用，其他想要執行的程序就沒有 CPU 時間可以執行，所以稱為執行緒的飢餓。

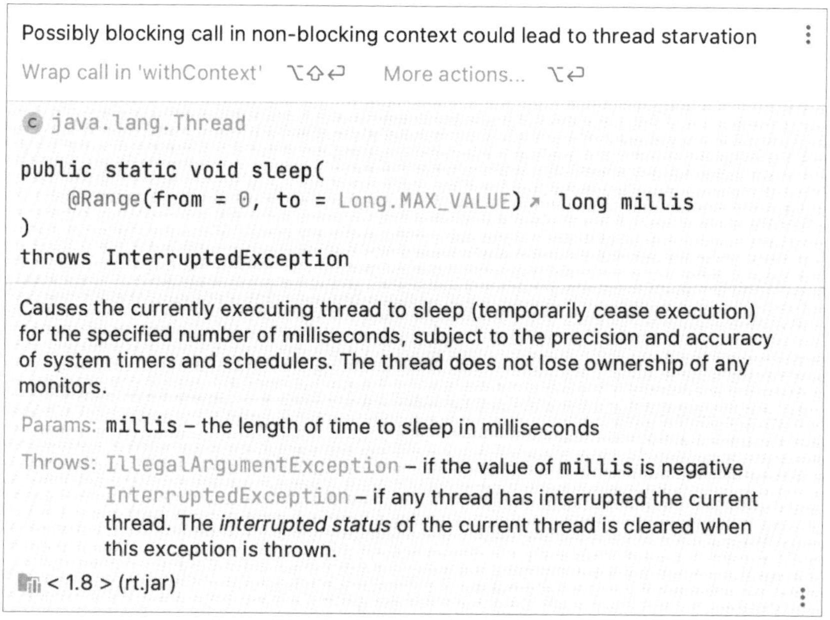

Possibly blocking call in non-blocking context could lead to thread starvation

Wrap call in 'withContext' ⌥⇧↩ More actions... ⌥↩

```
java.lang.Thread

public static void sleep(
    @Range(from = 0, to = Long.MAX_VALUE) long millis
)
throws InterruptedException
```

Causes the currently executing thread to sleep (temporarily cease execution) for the specified number of milliseconds, subject to the precision and accuracy of system timers and schedulers. The thread does not lose ownership of any monitors.

Params: `millis` – the length of time to sleep in milliseconds

Throws: `IllegalArgumentException` – if the value of `millis` is negative
`InterruptedException` – if any thread has interrupted the current thread. The *interrupted status* of the current thread is cleared when this exception is thrown.

< 1.8 > (rt.jar)

圖 2-2 執行緒飢餓

在這個警告裡頭，告訴我們可以使用 withContext 將 Thread.sleep() 給包起來，將 Example 2-3 改寫如下：

```
fun main() = runBlocking {
    var i = 0
    val job = launch {
        while (true) {
            println("do something: $i")
            withContext(Dispatchers.IO) {
                Thread.sleep(100)
            }
            i++
        }
    }
    println("start")
    delay(300)
    job.cancel()
    println("done")
}
```

Example 2-4，用 withContext 解決飢餓執行緒

withContext 函式可以提供一個新的 CoroutineContext 給區塊中的程式碼使用，其中也包含了調度器（Dispatcher）；**`withContext(Dispatchers.IO)`** 意思是將這裡面的程式碼放到專供 I/O 使用的 Coroutine 來執行，簡單來說，用不同的執行緒來執行這段程式碼，那麼 Thread.sleep() 就不會暫停原本的執行緒，後續的動作就會如我們所預期。

withContext, CoroutineContext, Dispatcher 將在第五章、第六章中有更詳細的說明。

心智圖

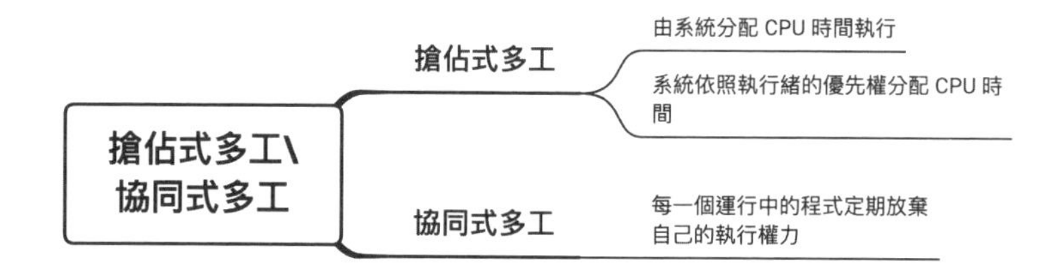

2-3 有堆疊協程、無堆疊協程

前面的範例中，launch 內呼叫 **`delay`** 函式之後，Coroutine 會找尋下一個可以執行的 Coroutine 將執行權交出，但由於外層暫停的時間還沒有到，所以 Coroutine 的執行權並不會切至其他的 Coroutine，當暫停時間到了之後，就會從原本呼叫 suspend 函式（如 delay 函式）的地方原地恢復其執行。這個動作，就是把執行流程從原位置暫停，當執行權恢復時，能在原本的位置恢復執行。並在恢復時，同時也會將原本在該 Coroutine 上的內容恢復，這也就是內容轉換（Context Switch）。

Kotlin 的 Coroutine 是怎麼做到這件事的呢？我們先來認識一下有堆疊協程（Stackful Coroutine）以及無堆疊協程（Stackless Coroutine）。

2-3-1 有堆疊協程（Stackful Coroutine）

每一個行程有各自的記憶體，在行程底下的每一個執行緒共用這塊記憶體，但是每一個執行緒都有各自的呼叫堆疊（Call Stack），記錄所有執行的函式以及變數，所以在執行緒中可以透過 Reference 取得相同的物件，在使用多執行緒的時候，必須要考慮資料的共用，不正確的使用會造成錯誤發生。

當在不同的執行緒切換時，需要將目前行程的內容記錄下來，在之後切換回來的時候就可以依照這個紀錄的內容回到原本的位置。這就像是在我的桌上有便條紙，當我需要去忙其他事情的時候，我可以先把目前的事情紀錄在便條紙上，當我完成之後，我就可以從便條紙上了解我應該要怎麼繼續我原本的工作。

有堆疊協程需要額外建立一個堆疊來儲存目前 Coroutine 的內容，所以有堆疊協程會預先分配記憶體給執行緒的呼叫堆疊，還有 Coroutine 的呼叫堆疊。

有堆疊協程的好處是，我們可以在任意的地方呼叫 Coroutine，因為我們可以透過堆疊內的內容（Context）回到被暫停的 Coroutine，不過壞處可想而知，當頻繁切換時，因為需要一直將 Coroutine 的資料儲存在堆疊內，所以速度、效能將會受到影響。

2-3-2 無堆疊協程（Stackless Coroutine）

雖然名稱叫做無堆疊協程，但是它並不是完全無堆疊的，因為 Coroutine 是運行在執行緒上，所以執行緒上依然會建立呼叫堆疊。無堆疊協程與有堆疊協程的差異在於它不會額外替 Coroutine 分配一塊記憶體來使用堆疊，而是使用原呼叫端的呼叫堆疊，利用 Callback 的方式將內容取回，所以比起有堆疊協程，所需的容量較小，不過其生命週期也就跟隨著呼叫端一起了。

Kotlin 的 Coroutine 是在每一個 suspend 函式裡面都隱藏著一個 Continuation 實例，Kotlin 的 Coroutine 暫停時，會把當下的資訊儲存在 Continuation 物件中，Continuation 把這些資訊帶著走，當 suspend 函式完成之後，便會把利用 Continuation 儲存的資訊切回原本的 Coroutine，所以在 Coroutine 中，因為只需要一個 Continuation 物件儲存前後的內容，所以消耗的資源相對的比較少。這類的 Coroutine 稱之為無堆疊協程。那什麼是 Continuation 呢？其實就是一個 Callback。

所以 Kotlin Coroutine 是無堆疊協程嗎？其實不完全是，因為除了隱藏在 suspend 函式內的 Continuation 讓它成為無堆疊協程，還支援將任務存放在一個 Deferred 中，當呼叫 Deferred 的 **await** 函式時，該協程才會開始執行任務，而這種方式與前文所描述的有堆疊協程一樣，都是需要一塊記憶體來存放任務的資訊。

使用有堆疊協程需要分配一個固定大小的堆疊，相對無堆疊協程則不需要，所以無堆疊協程所需的記憶體比較少，不過也是因為這樣無堆疊協程的使用就必須與呼叫者綁定。

心智圖

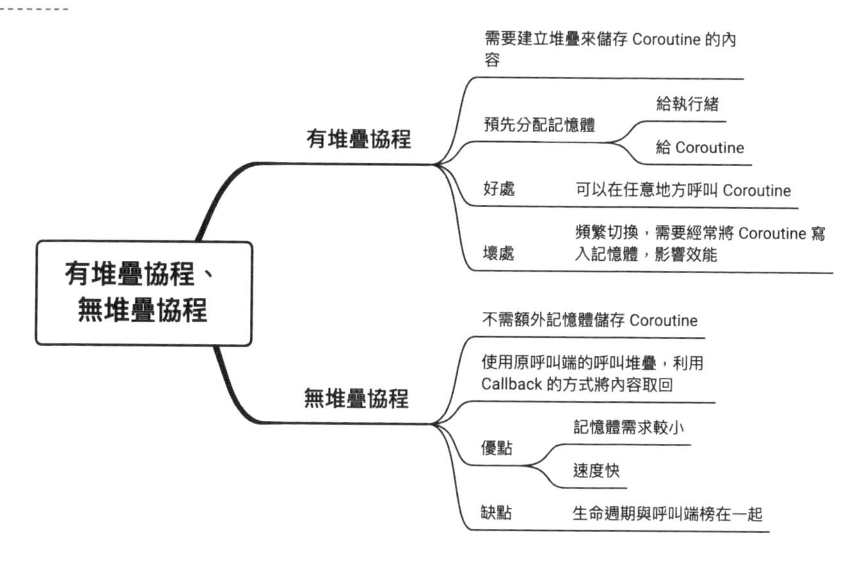

2-4 Coroutine 的三大要素

2-4-1 Coroutine 的作用域

在 2-2 節中已經建立過一個 Coroutine，我們知道 Kotlin Coroutine 必須要在 CoroutineScope 中執行，所以 Coroutine 第一個要素就是「作用域」。

Example 2-5 同樣使用 runBlocking 建立作用域，並在作用域中使用 launch 建立另一個 Coroutine。

從執行結果可以發現，雖然 launch 函式區塊內的 println("Coroutine") 比起最下方的 println("Start") 還前面，但是因為 launch 函式會建立一個新的 Coroutine，所以 launch 函式所建立出來的 Coroutine 成為了 runBlocking 的子 Coroutine。Kotlin Coroutine 會依照結構的順序來執行，所以會先印出外層的 "Start"，接著才印出內層的 "Coroutine"，而這也就是結構化併發。關於結構化併發在第四章有更詳細的介紹。

```
fun main() = runBlocking {
    launch {
        println("Coroutine")
    }
    println("Start")
}
```

Example 2-5，第一個 Coroutine 程式

使用 runBlocking 建立的作用域是會阻塞主執行緒的；也就是說，當執行時，原先跑在主執行緒上的任務就被暫停，必須等待目前任務執行完成，runBlocking 是方便在 main() 函式測試使用，正式專案應避免使用，否則將會在每次執行的時候都佔用執行緒，喪失 Coroutine 的優點。

```
Start
Coroutine
```

2-4-2 暫停 - 恢復

根據維基百科的定義，Coroutine 是在語言層面上實作的，是屬於「非搶佔式多工」aka 協同式多工，允許計算能夠被暫停以及恢復。

> *Coroutines are computer program components that generalize subroutines for non-preemptive multitasking, by allowing execution to be suspended and resumed.*
>
> *Wikipedia*

當耗時任務執行時，為了避免主執行緒被佔用太久，第一章提到一般我們會啟動一個新的執行緒，並讓耗時任務、延時任務能夠在其它執行緒上執行，等到任務完成之後，我們再從該執行緒取回運算的結果。使用執行緒時，當耗時任務完成後，若要通知主執行緒結果已經準備好了，可以採用 Callback 的方式來取得結果，但是 Callback 的使用除了讓程式碼變多以外，程式的執行流程有可能會改變，當執行發生例外，該如何處理例外也是一件頭痛的事。

Kotlin Coroutine 的暫停（Suspend）除了能夠讓非同步程式碼看起來像是循序程式碼外，它也同時把 Callback 隱藏起來了，所以當使用協程進行非同步的處理，就會感到非常的輕鬆，除了沒有 Callback 干擾程式執行流程，例外處理也能夠用很直覺的方式來處理（可以直接使用 try-catch）。

第二個要素就是「suspend 函式（Suspend Function）」，將 Example 2-5 稍微改動一下，在 launch 函式中加入一個 delay(100) 函式。

```
fun main() = runBlocking {
    launch {
        delay(100)
        println("Coroutine")
    }
    println("Start")
}
```

Example 2-6，在 launch 內呼叫 delay() 暫停 Coroutine

Example 2-6 的結果與 Example 2-5 相同，都是先列印 Start 接著列印 Coroutine，差異在列印 Coroutine 之前會先暫停 100 毫秒。

在 launch 函式內有兩段程式碼，使用 IDE 的 Extract Function 功能，將其抽取出來成為新的函式，並命名為 delayAndShow()。完成後，可以發現在 delayAndShow() 函式前方多了一個關鍵字 **suspend**，表示這個函式是一個 suspend 函式。

```
fun main() = runBlocking {
    launch {
        delayAndShow()
    }
    println("Start")
}

private suspend fun delayAndShow(){
    delay(100)
    println("Coroutine")
}
```

函式內如果有其它的 suspend 函式（如 delay()），那麼該函式就必須也是 suspend 函式，如果將 suspend 關鍵字移除，在 delay() 函式的下方會出現紅色波浪，如圖 2-3，表示有編譯期錯誤發生。

```
private fun delayAndShow(){
    delay( timeMillis: 100)
    print  Suspend function 'delay' should be called only from a coroutine or another suspend function
}          Make delayAndShow suspend ⌥⇧↩    More actions... ⌥↩

           public suspend fun delay(
               timeMillis: Long
           ): Unit
           kotlinx.coroutines
           DelayKt.class
           Gradle: org.jetbrains.kotlinx:kotlinx-coroutines-core-jvm:1.6.4
           (kotlinx-coroutines-core-jvm-1.6.4.jar)
```

圖 2-3　suspend 函式只能在 suspend 函式內使用

Kotlin Coroutine 中最重要的函式就是 suspend 函式，當任務需要佔用 Coroutine 時，該 Coroutine 將會被暫停，完成任務後，才會在原本暫停的位置重新恢復。而這個暫停、恢復的動作必須要在 Coroutine 內完成，也就是說，suspend 函式必須要放在 Coroutine 內才能使用，而除了直接放在 Coroutine 內，還可以放在另一個 suspend 函式內。

2-4-3 調度器

最後一個要素是調度器（Dispatcher）。我們知道 Coroutine 其實是運行在執行緒上，而一個執行緒可以啟動多個 Coroutine；換句話說，我們啟動了多個 Coroutine 來執行耗時任務時，很有可能還是在主執行緒上。當應用程式啟動之後，為了節省執行緒啟動、關閉所造成的時間、資源浪費，一般會重複使用執行緒、執行緒池，避免在任務結束之後就關閉執行緒。而在 Kotlin Coroutine 中，也用同樣的設計避免資源浪費、提高效能，在啟動之後，背景也同時啟動幾個執行緒池，不過 Coroutine 無法“直接”選擇使用哪一個執行緒、執行緒池的，取而代之的是使用調度器，我們可以依照需求選擇適當的調度器來使用。

底下示範如何使用調度器選擇不同的執行緒，在 Example 2-7 中，在 launch 函式內使用 **withContext(Dispatchers.Default)** 將執行緒切換至其他執行緒。

```
fun main() = runBlocking {
    launch {
        delay(100)
        println("launch, ${Thread.currentThread().name}")

        withContext(Dispatchers.Default) {
            delay(100)
            println("inner, ${Thread.currentThread().name}")
```

```
        }
    }
    println("Start, ${Thread.currentThread().name}")
    delay(500)
    println("End, ${Thread.currentThread().name}")
}
```

Example 2-7，使用 withContext(Dispatchers.Default) 切換不同執行緒

執行結果如下，在外層以及 launch 內的執行緒都是主執行緒（main），經過 withContext 切換執行緒後，在 withContext 區塊內的執行緒便已經切換至 **DefaultDispatcher-worker-1**，也就是執行緒池。最後，當 withContext 內的任務完成之後，回到最外層繼續執行，執行緒又自動切回主執行緒。

```
Start, main
launch, main
inner, DefaultDispatcher-worker-1
End, main
```

使用調度器的好處就在於，我們只要把焦點放在哪個部分需要使用不同的執行緒來執行，只要使用 withContext 就能夠輕鬆的將執行緒切到適當的執行緒中。而當離開該區塊時，又會自動切換回原本的執行緒，使用者不需要在切換執行緒這件事上多作太多工作。

5-4 章有 winContext 的深入討論，6-3 章有更多關於調度器的介紹。

而這三個就是 Kotlin Coroutine 的三大要素：作用域、暫停函數以及調度器。

心智圖

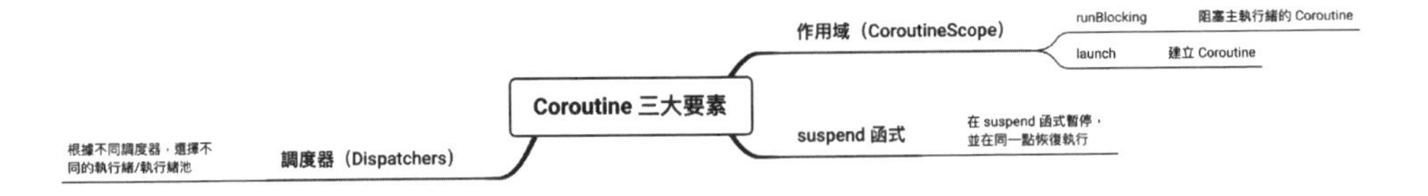

小結

Kotlin Coroutine 是採用協同式多工及無堆疊協程的設計，協同式多工是讓 Coroutine 自行決定任務的調度，無堆疊協程少了專門提供給 Coroutine 的堆疊，所以能夠更輕量，不過如此一來就必須要將 Coroutine 存放在呼叫端的呼叫堆疊中。

使用 Kotlin Coroutine，有三個要素，作用域、suspend 函式以及調度器。由於是無堆疊協程的架構，Coroutine 需要與呼叫端綁在一起，作用域能將 Callback 隱藏在 Coroutine 裡，如此一來，我們就能在作用域內使用 Coroutine，並且因為 Callback 被隱藏起來，所以程式寫起來就像是循序程式一般。Coroutine 因為是協同式多工，所以需要自行放棄 Coroutine 的執行權，函式內如果有會暫停協程的函式，那麼該函式就必須為 suspend 函式，也就代表這個函式會放棄自己的執行權，將執行權交給其他 Coroutine 來執行。最後的要素為調度器，我們能夠使用已經建立好的調度器來將目前的執行緒切換至其他執行緒中，至於為什麼是使用調度器而不是直接切換執行緒，最重要的目的是要與實際的執行緒隔離開來，我們只需要考慮要該 Coroutine 使用在哪種用途上，依照不同的需求選擇適合的調度器，如此就能夠在不同平台上用相同的程式碼來使用 Coroutine。

Chapter

3

無回傳值的 launch 以及有回傳值的 async

本章目標

- 認識 launch 以及其用法
- 認識 async 以及其用法

前一章中，我們知道 Coroutine 包含三個要素，分別是作用域、suspend 函式以及調度器，並且使用 launch 建立一個簡單的 Coroutine。在這一章中，繼續介紹如何建立 Coroutine。

如果用回傳值來分類函式，可以將函式分成兩類，有回傳值以及無回傳值的。前者是當我們執行一個函式之後，這個函式會在結束的時候回傳某個值，像是媽媽請小孩跑腿買東西，在這邊媽媽就是呼叫函式的呼叫端，小孩可看作是函式，東西則是回傳值；呼叫無回傳值的函式並不會從函式中回傳任何值，我們得到的只有副作用（Side Effect），如同當點燃煙火引信一般，只看到釋放的火花，後續的事情我們不管，而在英文的文章中可以見到 Fire and Forget 這樣的形容。無獨有偶，在非同步任務中同樣也需要這兩種形式的任務。

從第一章我們知道，若需要從執行緒中取回結果，我們可以實作 Callable 介面；或者也可以直接將 Callback 傳入執行緒，在執行緒任務結束之後，呼叫 Callback 提供的函式來將結果傳回。

不管是用哪一種方式，結果傳回的步驟都必須要分成兩個部分，一部分需要新建一個類別來處理非同步任務，另一部分則是在呼叫端處理結果值。

在 **`kotlinx.coroutine`** 中，針對無回傳值及有回傳值的非同步任務，分別提供了兩種 Coroutine 建構器：**`launch`** 及 **`async`**。利用建構器可以輕鬆建立一個 Coroutine 區塊（Coroutine Scope），在 Coroutine 區塊中執行任務，執行的順序是由上至下、由外層至內層的順序，如此一來就能夠以更直覺的方式完成非同步的程式碼，以下將分別介紹這兩種 Coroutine 建構器。

3-1 launch 建構器

3-1-1 launch 簡介

launch 目的是建立一個無回傳值的 Coroutine 區塊，是在 Coroutine 函式庫中，最常使用的函式之一。

從 **launch** 函式發現，它其實是 CoroutineScope 的擴充函式（Extension Function），所以才能夠在作用域內執行。launch() 含有三個參數，**CoroutineContext**、**CoroutineStart** 以及 **suspend CoroutineScope.() -> Unit**。

若不帶入任何 CoroutineContext，會從父作用域繼承 CoroutineContext；我們也可以把不同的調度器從 CoroutineContext 傳入，如此 launch 建立的 Coroutine 就會使用特定的調度器來執行任務。了解更多 CoroutineContext 的內容，請參考第六章。

使用 launch 建立 Coroutine，預設是會立刻執行的，如果希望不要立刻啟動，要等到我們呼叫 **start** 函式才會啟動，只要將 start 參數使用 CoroutineStart.LAZY 帶入就可以達到延遲啟動的效果。

launch 的回傳值是 Job，我們可以藉由呼叫 Job 的 **cancel** 函式來直接取消 Coroutine，更多 Job 的內容請參考第四章。

```
fun CoroutineScope.launch(
    context: CoroutineContext = EmptyCoroutineContext,
    start: CoroutineStart = CoroutineStart.DEFAULT,
    block: suspend CoroutineScope.() -> Unit
): Job
```

launch 函式

在 2-4 章的 Example 2-6 中，我們已用 launch 建立一個簡單的 Coroutine：使用 runBlocking 建立一個 Coroutine 區塊，並在 runBlocking 區塊內呼叫 launch 建立另一個 Coroutine。

快速回顧 Example 2-6：

```
fun main() = runBlocking {
    launch {
        delay(100)
        println("Coroutine")
    }
    println("Start")
}
```

若將 Example 2-6 改用執行緒來實現，可能會是怎麼樣的樣子呢？我們使用 Runnable 的方式改寫，如下：

```
class LaunchRunnable : Runnable {
    override fun run() {
        Thread.sleep(100)
        println("Coroutine")
    }
}

fun main() {
    val runnable = LaunchRunnable()
    val thread = Thread(runnable)
    println("Start")
    thread.start()
}
```

Example 3-1，用 Runnable 實現執行緒的方式改寫 Example 2-6

同樣都是完成一個非同步的任務，Example 2-6 與 3-1 卻有著截然不同的實作方式。從這兩段程式碼可以看出，Coroutine 比起直接使用執行緒還直覺、簡單。因為 Coroutine 的非同步任務必須要在相同的作用域中執行，所以我們可以在作用域裡面看到所有任務的執行流程，如 Example 2-6，必須將任務寫在 runBlocking 裡執行。從開發者的角度來看，更容易知道執行的流程，因為從程式的架構就可以看出程式的執行流程。

在第一章有介紹 Kotlin 提供一個用來建立執行緒的高階函式，若我們改使用高階函式來建立值行緒，如 Example 3-2，與 launch 的程式碼非常的相似，差異在於 Coroutine 需要在作用域內執行，而執行緒則不需要，而且在執行緒內是無法使用 suspend 函式的。

 Kotlin 的高階函式讓程式碼變簡單了，包括建立執行緒。

```
fun main() {
    thread{
        Thread.sleep(100)
        println("Coroutine")
    }
    println("Start")
}
```

Example 3-2，用高階函式 thread{ } 實現執行緒的方式改寫 Example 2-6

Coroutine 是結構化併發，將 Example 2-6 的 Coroutine 結構圖繪製出，如圖 3-1：

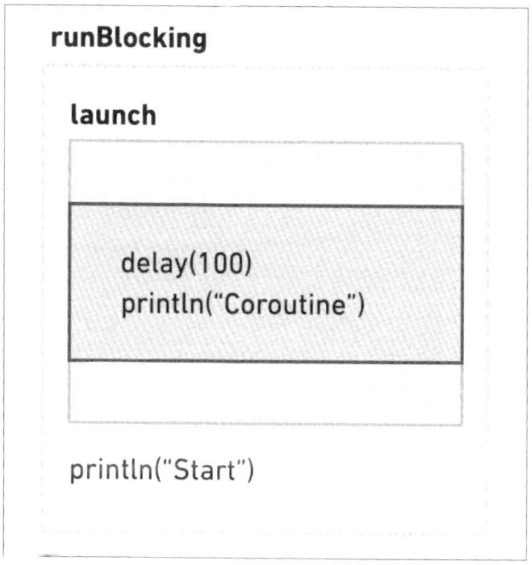

圖 3-1 Example 2-6 結構圖

從圖 3-1 我們可以發現，用 runBlocking 會先建立一個 Coroutine 區塊，接著在 runBlocking 內使用 launch 建立另外一個 Coroutine 區塊，如此就可以創造出 Coroutine 的階層。

3-1-2 建立在不同執行緒上運行的 launch

建立執行緒是耗費資源的一件事，可以的話最好不要重複建立執行緒，取而代之應使用已建立好的執行緒或是執行緒池來取代，例如 Android 內的主執行緒就是一個不會被關閉的執行緒。因主執行緒負責畫面的繪製，如果在每次繪製畫面的時候都重新建立一個新的執行緒，應用程式的效能就會很差。

從 2-4-3 調度器章節中，有提到調度器是讓使用者能夠依照不同的需求選擇已建立好的執行緒、執行緒池，如此除了可以共用執行緒的資料，也可以避免頻繁的建立執行緒導致系統效能降低。所以在 Coroutine 區塊中建立任意數量的 Coroutine 來執行非同步任務更有效率，使用的資源更少。

Example 3-3，使用 launch 建立 Coroutine 的時候，同時帶入 **`Dispatchers.Default`**，目的是要讓 launch 建立出的 Coroutine 能在背景執行緒內執行。在這個範例中，我們把耗時的任務放在背景執行，如此就可以避免佔用主執行緒。

```
fun main() = runBlocking {
    repeat(10) {
        launch(Dispatchers.Default) {
            repeat(1000) {
                val overflow = listOf(Long.MAX_VALUE)
                overflow.map { Long.MAX_VALUE * Random().nextInt() }
            }
            println("Run in background thread:
                        ${Thread.currentThread().name}")
        }
    }
    println("Start coroutine, ${Thread.currentThread().name}")
}
```

Example 3-3，使用 launch(Dispatchers.Default) 執行耗時任務

我們從結果看到，由主執行緒呼叫 repeat(10) 啟動十個 launch(Dispatcher.Default) 讓 Coroutine 在背景啟動，並將這些耗時任務丟到背景執行。

```
Start coroutine, main
Run in background thread: DefaultDispatcher-worker-6
Run in background thread: DefaultDispatcher-worker-7
Run in background thread: DefaultDispatcher-worker-2
Run in background thread: DefaultDispatcher-worker-8
Run in background thread: DefaultDispatcher-worker-1
Run in background thread: DefaultDispatcher-worker-5
Run in background thread: DefaultDispatcher-worker-3
Run in background thread: DefaultDispatcher-worker-4
Run in background thread: DefaultDispatcher-worker-6
Run in background thread: DefaultDispatcher-worker-7
```

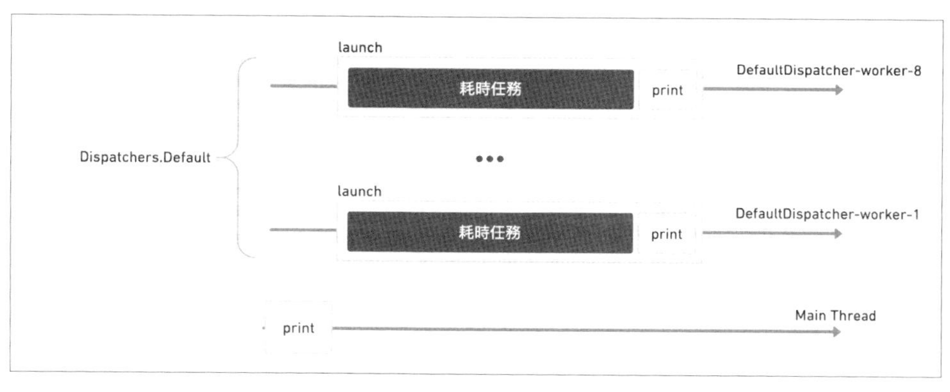

圖 3-2　使用 launch 啟動背景執行緒執行耗時任務

心智圖

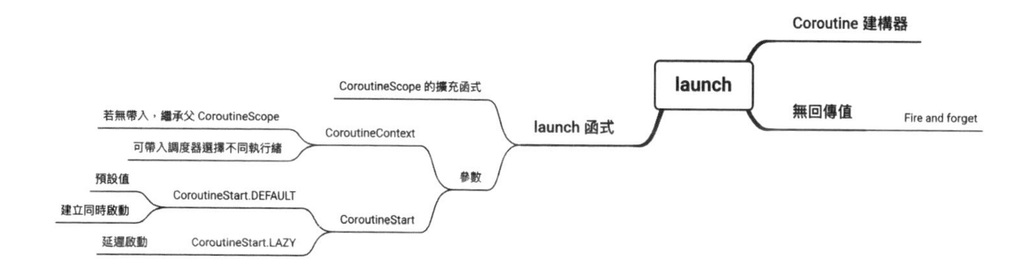

3-2 async 建構器

3-1 小節已介紹無回傳值的 launch 建構器，用來建立一個 Coroutine 區塊執行無回傳值的非同步任務；而另一種建構器則是用來建構一個具有回傳值的 Coroutine 區塊，也就是本節所要介紹的 **async**。

3-2-1 async 簡介

開始之前，先想想看在實際案例中，有什麼情況需要執行非同步任務並包含回傳值，例如：登入任務 - 登入通常是透過 API 的方式將資料送往伺服器端，而伺服器將傳入的資料處理之後，將登入結果返還給呼叫端（用戶端）。

async 與 **launch** 相同，都是屬於 **CoroutineScope** 的擴充函式，而函式的參數與 launch 一樣都包含了三個項目：**CoroutineContext**、**CoroutineStart** 以及 **suspend CoroutineScope.() -> T**。與 launch 不同的是 **async** 的回傳值是繼承 Job 介面的 **Deferred** 型別。在實際應用上，因無法確定一個非同步任務從呼叫到取得結果的時間，必須要等到該任務結束後，才有辦法得到正確的結果，所以只要在需要結果的地方呼叫 **await** 函式，呼叫端就會等到 **async** 有結果時才可以繼續執行。

```
public fun <T> CoroutineScope.async(
    context: CoroutineContext = EmptyCoroutineContext,
    start: CoroutineStart = CoroutineStart.DEFAULT,
    block: suspend CoroutineScope.() -> T
): Deferred<T> {
    ...
}
```

async 函式

```
public interface Deferred<out T> : Job {
    ...
    public suspend fun await(): T
}
```

Deferred 介面

在 Example 3-4 中，同樣使用 runBlocking 建立 Coroutine 區塊，為了要從 Coroutine 回傳結果，改成使用 async 建立一個 Coroutine 區塊。因 Kotlin 高階函式最後一行就是回傳值，所以 async 區塊會回傳 true。

```
fun main() = runBlocking{
    val result = async {
        delay(100)
        true
    }
    println("Start async task")
    println("Result is ${result.await()}")
}
```

Example 3-4，含有回傳值的非同步任務

```
Start async task
Result is true
```

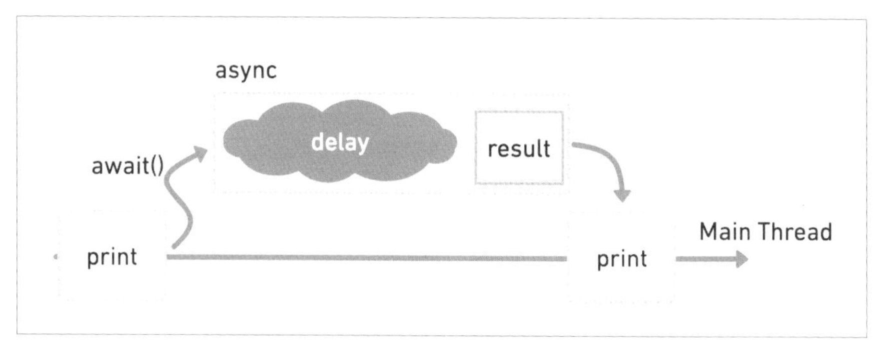

圖 3-3　使用 async 建立含有回傳值的 Coroutine

用 **async** 是不是很簡單，不需要額外的 Callback 就能將結果從非同步任務中取回。

若以執行緒來完成 Example 3-4 相同的任務，該怎麼進行呢？ Example 3-5 使用 **java.util.concurrent** 提供的 **Callable** 介面來完成：在 MyCallable 類別中實作 Callbale 介面並覆寫 **call** 函式 - 將非同步任務放進 **call** 函式中。在這個範例中使用 **Thread.sleep(100)** 讓執行緒暫停，模擬非同步任務的運行，並在運行結束之後，傳出結果：true。

要如何執行呢？我們在 main() 函式內把前面完成的 MyCallable 類別傳入 FutureTask*，接著當執行緒被執行時，就會執行 MyCallable 類的 **call** 函式。

```
import java.util.concurrent.*

class MyCallable: Callable<Boolean> {
    private var result: Boolean
    init {
        result = false
    }

    override fun call(): Boolean {
        Thread.sleep(100)
        result = true
        return this.result
    }
}

fun main() {
    val myCallable = MyCallable()
    val futureTask = FutureTask(myCallable)
    val thread = Thread(futureTask)
    thread.start()

    println("Thread start")
    println("task done, result: " + futureTask.get())
}
```

Example 3-5，使用 Callable 完成帶有回傳值的非同步呼叫

```
Thread start
task done, result: true
```

FutureTask 是由 **java.util.concurrent** 所提供的一個類別，並且同時實作 Runnable、Future。因為實作 Runnable 的關係，所以實作 FutureTask 的類別就能夠直接將物件傳進 **Thread** 函式中，與 async 相同，呼叫 **get** 函式的時候，如果結果還沒有準備好，就會阻塞當前的執行緒直到任務完成。

比較 Coroutine 的 **async** 以及 **java.util.concurrent** 的 **Callable**，使用 **async** 實作的方式比較簡單、直覺。第二個差異在於使用 async 可以直接在 Coroutine 區塊中執行非同步的任務，而採用 Callable 的方式卻必須要先建立一個實作 Callable 的類別，才能將這個類別實例化後交由 FutureTask 再傳給執行緒執行，如此一來，若我們只是需要一個簡單的動作，最後還是需要實作一個類別。第三點是當我們使用 FutureTask 時，必須要在執行緒啟動之後才能呼叫 **get** 函式，而 async 則可以在 Coroutine 區塊中任意的位置執行。

3-2-2 同時執行多個含有回傳值的非同步任務

若想在一個 Coroutine 區塊呼叫多個帶有回傳值的非同步任務。簡單，我們只需要在 Coroutine 區塊中使用多個 async 就可以達成，如 Example 3-6，兩個 async 區塊分別執行兩個執行時間不同的非同步任務，只要呼叫 **await** 函式，該行程式就會等待區塊內的任務完成並回傳結果，所以不會發生其中一個比較早結束，最後得到錯誤的結果。

從輸出的結果得知，雖然 async 建立不同的 Coroutine，但是因為建立 async 的時候並沒有帶入不同的調度器，所以會由父 CoroutineScope 提供，也就是主執行緒上，這也就意謂著沒有執行緒的內容切換（Context Switch），減少因內容切換而導致的資源浪費。

```
fun main() = runBlocking {
    val result1 = async {
        println("async task 1, ${Thread.currentThread().name}")
        delay(100)
        100
    }

    val result2 = async {
        println("async task 2, ${Thread.currentThread().name}")
        delay(200)
        200
    }

    println("Result is ${result1.await() + result2.await()}")
}
```

Example 3-6，用 async 同時執行含有回傳值的非同步任務

```
async task 1, main
async task 2, main
Result is 300
```

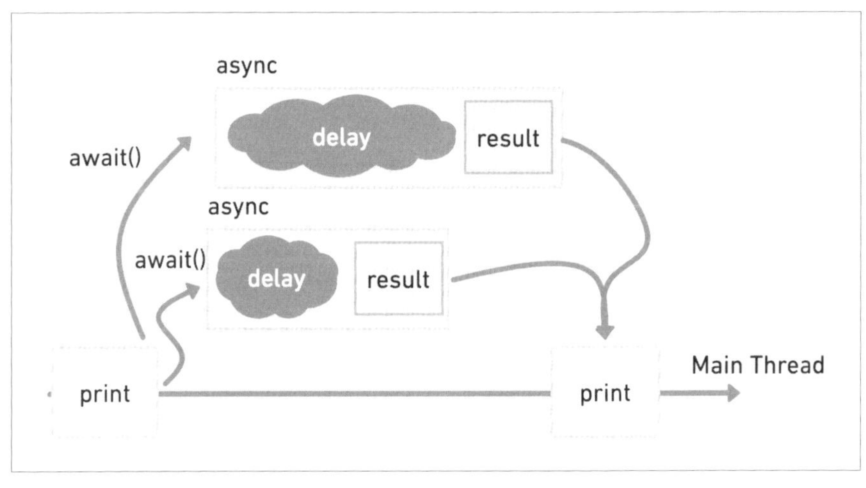

圖 3-4　用 async 同時執行含有回傳值的非同步任務

要如何使用 FutureTask 處理相同問題呢？一個執行緒只能同時執行一個任務，也就是說，當同時需要執行兩個非同步任務時，我們需要兩個執行緒。Example 3-7 使用 **Executors.newFixedThreadPool(2)** 建立一個含有兩個執行緒的執行緒池，讓這兩個任務透過執行緒池來執行，就可以達到相同的結果。但是從前文得知，雖然 Coroutine 是運行在執行緒上，但是使用 launch 或是 async 建立一個新的 Coroutine 時卻不會同時建立新的執行緒。所以在多個非同步任務同時執行的情境，使用 Coroutine 是更輕巧、方便的選擇。以 Example 3-6 與 Example 3-7 來比較，前者只需要一個執行緒就能夠完成，後者則需要兩個。如此一來，使用 Coroutine 的優勢便展現出來了：Coroutine 只需要更少的執行緒就能完成任務。

```
import java.util.concurrent.*

class TaskWithValue1 : Callable<Int> {
    override fun call(): Int {
        Thread.sleep(100)
        println("call 1, ${Thread.currentThread().name}")
        return 100
    }
}

class TaskWithValue2 : Callable<Int> {
    override fun call(): Int {
        Thread.sleep(200)
        println("call 2, ${Thread.currentThread().name}")
        return 200
    }
}

fun main() {
    val taskWithValue1 = TaskWithValue1()
    val taskWithValue2 = TaskWithValue2()

    val futureTask1 = FutureTask(taskWithValue1)
```

```
    val futureTask2 = FutureTask(taskWithValue2)

    val executor = Executors.newFixedThreadPool(2)
    executor.execute(futureTask1)
    executor.execute(futureTask2)

    println("Task start")
    println("Task done,
            result: ${futureTask1.get() + futureTask2.get()}")

    executor.shutdown()
}
```

Example 3-7，建立執行緒池，執行兩個 FutureTask

```
Task start
call 1, pool-1-thread-1
call 2, pool-1-thread-2
Task done, result: 300
```

Executors 是 **java.util.concurrent** 提供的類別，是一個用來管理執行緒的物件，包含多個用來建立 **ExecutorService** 的函式，如 **newCachedThreadPool()**、**newFixedThreadPool()...**。因 **ExecutorService** 實作 **Executor** 介面，所以可以呼叫 **execute()** 立刻執行帶入的 **Runnable/Callable**，或是呼叫 **submit()** 執行並取得 **Future** 物件。在執行完所有任務後，呼叫 **shutdown()** 將其關閉，之後就不接受其他的任務。

3-2-3 在不同執行緒上執行 async

async 與 launch 相同，在建立 async 的時候可以帶入不同的調度器來將任務指定在不同的執行緒上執行，Example 3-8 使用預設調度器（Dispatchers.

Default），讓 async 建立的 Coroutine 在主執行緒以外的執行緒上執行，並且在執行結束的時候，自動將結果傳遞回主執行緒上。

```
fun main() = runBlocking {
    val randomNumber = async(Dispatchers.Default) {
        println("Generate random number,
                   Thread: ${Thread.currentThread().name}")

        listOf(Long.MAX_VALUE)
            .map { Long.MAX_VALUE / Random.nextInt() }
            .shuffled()
            .first()
    }

    println("Result is ${randomNumber.await()},
             Thread: ${Thread.currentThread().name}")
}
```

Example 3-8，使用預設調度器，讓 async 在主執行緒外執行

```
Generate random number, DefaultDispatcher-worker-1
Result is 11126012564, Thread: main
```

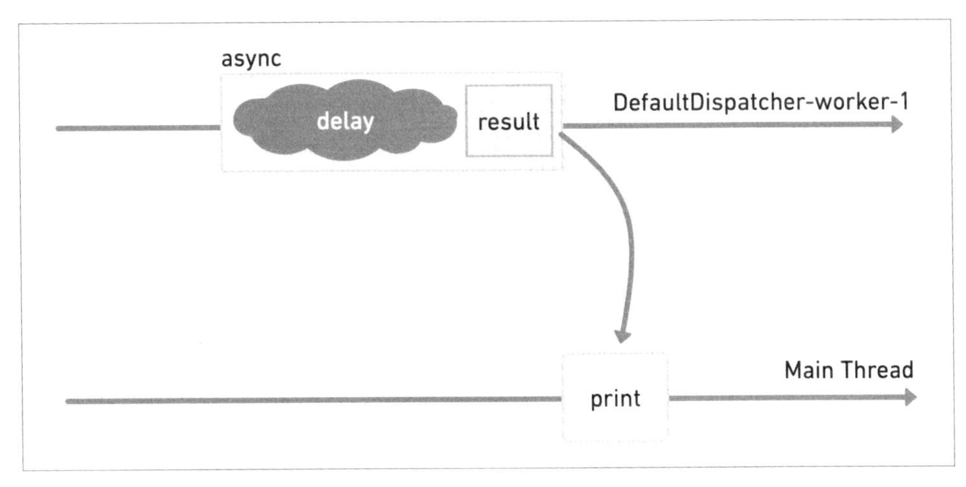

圖 3-5　在不同執行緒上執行 async，並把結果傳回來

心智圖

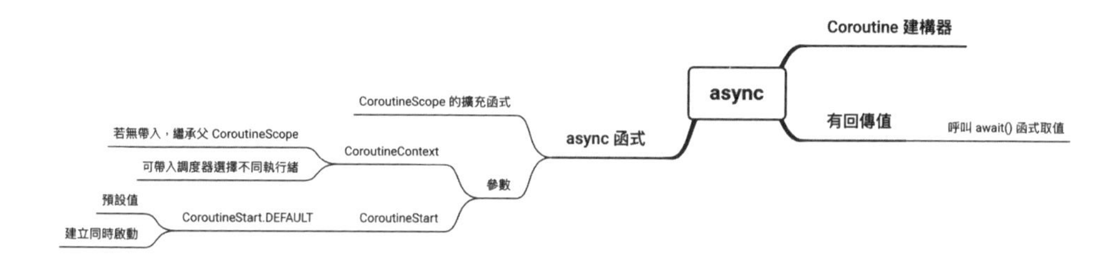

小結

launch 與 async 兩個 Coroutine 建構器都是屬於 CoroutineScope 的建構式，當我們建立但沒有帶入 CoroutineContext 時，會繼承父 CoroutineScope 的 CoroutineContext，如範例中的 runBlocking 是運行在主執行緒上，所以當使用 launch 或 async 沒有帶入 CoroutineContext 時，預設就會在主執行緒上執行。

使用 launch 建立 Coroutine 後，會立刻啟動 Coroutine 區塊內的任務，因為 launch 函式裡的 CoroutineStart 的預設值是 CoroutineStart.DEFAULT，而這個值代表建立後就立刻執行。若不希望建立 Coroutine 立刻執行，可以帶入 CoroutineStart.LAZY，並在需要啟動的地方使用 start() 啟動。同樣地，如果使用 async 建立 Coroutine 也會立刻啟動任務，但是如果任務在呼叫 await() 之前尚未完成，那麼呼叫端就會等待任務完成才繼續。

如果希望將任務放在主執行緒以外執行，可以將調度器傳入 CoroutineContext 中，讓任務在不同的執行緒上執行。

Chapter

4

結構化併發

本章目標

- 了解結構化併發
- 知道 Job 的功能
- 取消任務 / 例外處理
- 了解 SupervisorJob

結構化併發是 Kotlin Coroutine 很重要的功能，在結構化併發下，非同步任務能夠依照 Coroutine 的結構來啟動，而更棒的是，取消非同步任務變得更簡單了，比起取消執行緒，Coroutine 的取消功能更是強上了許多。本章將先介紹結構化併發的概念，接著會介紹 Job，它是用來控制 Coroutine 的生命週期。當一個 Coroutine 範圍內有多個子任務時，要如何取消任務？當取消父 Job 時子任務會如何？當子 Job 發生例外 / 被取消時，父 Job 又會如何處理呢？在本章的最後會介紹 SupervisorJob，Job 與 SupervisorJob 的差異又是什麼呢？

4-1 什麼是結構化併發？

在 3-1 節提到 Coroutine 在執行的時候，會依照由上至下的、由外層至內層的順序執行任務，這也就是結構化併發（Structure Concurrency）。

根據維基百科的介紹，結構化併發的核心概念是透過控制流結構封裝併發執行的執行緒，這些結構有明確的進入、離開點，所以可以確保在這結構裡所有的執行緒會全部執行完畢之後才離開。

> *The core concept is the encapsulation of concurrent threads of execution (here encompassing kernel and userland threads and processes) by way of control flow constructs that have clear entry and exit points and that ensure all spawned threads have completed before exit.*
>
> *Wikipedia*

結構化併發讓非同步的任務成為有階層性，這麼做有什麼好處呢？在深入了解之前，我們先來認識 Job。

4-2 Job

在第三章介紹 launch 以及 async 時，知道這兩個的回傳型別一個是 Job，另一個是 Deferred，而從 Deferred 的原始碼得知，Deferred 也是實作 Job，Job 究竟是何方神聖呢？為什麼 launch 以及 async 的回傳型別都是它？

Job 為一個可被取消的背景任務。當一個 Coroutine 被建立時，會得到一個 Job，Job 扮演了生命週期的角色。Job 提供了數個函式，其中 **start** 函式用來啟動任務、**cancel** 函式用來取消任務，另外有三個屬性用來紀錄該 Job 的狀態：**isActive**、**isCancelled**、**isCompleted**，其中的 **children** 儲存了所有在該 Job 底下的所有子 Job。

```
interface Job: CoroutineContext.Element {
    abstract val children: Sequence<Job>
    abstract val isActive: Boolean
    abstract val isCancelled: Boolean
    abstract val isCompleted: Boolean
    abstract val onJoin: SelectClause0

    abstract fun cancel(cause: CancellationException? = null)
    abstract fun invokeOnCompletion(handler: CompletionHandler):
DisposableHandle
    abstract suspend fun join()
    abstract fun start(): Boolean
    ...
}
```

圖 4-1 為 Job 的生命週期，當 Job 建立時，其狀態為 **New**；呼叫 **start** 函式啟動該 Job 後，狀態變為 **Active**；當任務結束，等待全部子 Job 完成的時候，這時候的狀態會是 **Completing**；最後，全部子 Job 都完成後，就會把狀態改為 **Completed**。如果在結束之前遇到了例外或是該 Job 被取消，則會將狀態改成 **Cancelling**，這時候也會同時取消全部子 Job，一旦全部子 Job 被取消後，該 Job 的狀態也變為 **Cancelled**。

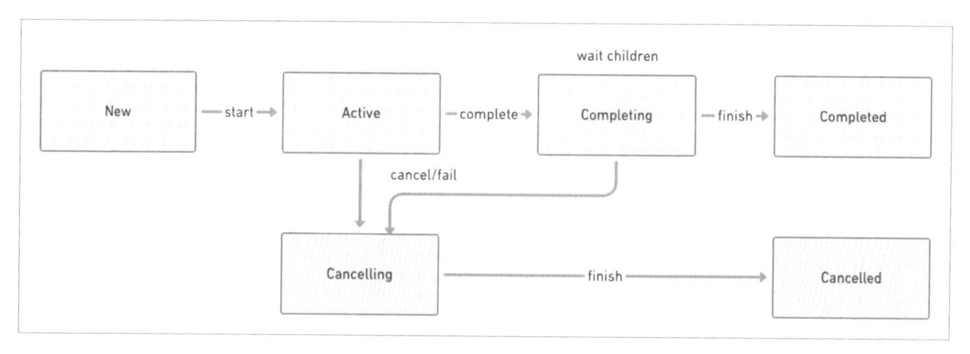

圖 4-1　Job 生命週期

因為每一個 Job 皆包含了其生命週期以及子 Job，當任務結束之後，會等待所有子 Job 完成，如此就能夠避免因父 Job 任務結束後子 Job 還沒結束時所造成的問題，如資源無法收回 ...。另外，取消父 Job 也會同時取消子 Job，這讓我們能夠更輕鬆的執行多個併發任務，而不用擔心考慮其例外狀態。

從 Job 的程式碼可以發現，並沒有一個專屬的屬性是用來儲存其狀態的，取而代之的是使用三個布林值：**isActive**、**isCancelled** 以及 **isCompleted**。下表展示了這三個布林值與狀態值的關係。

狀態	isActive	isCompleted	isCancelled
New（可選的初始狀態）	false	false	false
Active（預設的初始狀態）	true	false	false
Completing（過渡狀態）	true	false	false
Cancelling（過渡狀態）	false	false	true
Cancelled（最終狀態）	false	true	true
Completed（最終狀態）	false	true	false

表 4-1　Job 的狀態值

在第三章介紹 launch 時有提到，使用 launch 建立 Coroutine 是會立刻啟動的，因為 Job 的初始值是 **Active**，所以我們不需要另外呼叫 **`start`** 函式啟動。如果不希望自動啟動，只要在建立 Coroutine 時，將 CoroutineStart 使用 CoroutineStart.LAZY 帶入，如 **`launch(start = CoroutineStart.LAZY)`**，如此就可以依照需求在特定的位置呼叫 **`start`** 函式啟動任務，而用 CoroutineStart.LAZY 建立的 Job 的狀態為 **New**。

心智圖

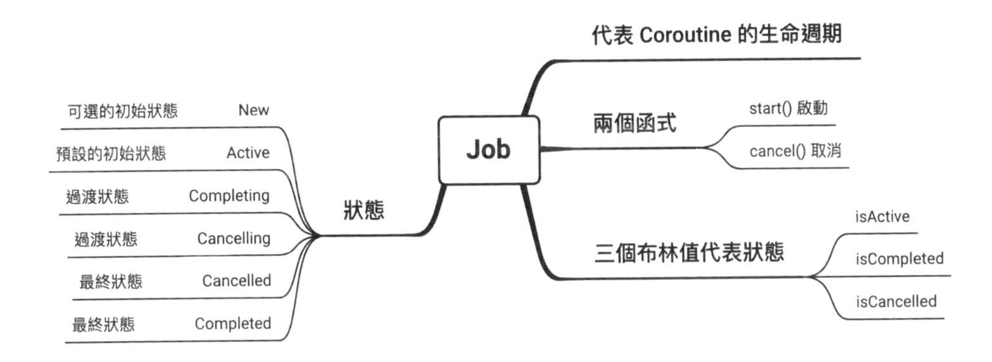

4-3 取消任務

4-3-1 使用 delay 函式取消任務

Coroutine 比起執行緒厲害的地方，其中一點是 Coroutine 能夠輕鬆的取消任務。Example 4-1 使用 runBlocking 建立一個 Coroutine 作用域，並使用兩個 launch 各自建立 Coroutine 來執行非同步任務，將每一個 launch 的 Job 分別存在變數 - job1, job2 內。其中，任務一：暫停 100 毫秒，列印 Job1 done，任務二：暫停 1000 毫秒，列印 Job2 done。在這兩個 launch 區塊底下，列印 start launch，暫停 300 毫秒後呼叫第二個任務的 **`cancel`** 函式取消該任務。由結果得知，在呼叫 **job2.cancel()** 之後，所有的任務便結束了，程式也就終止了。最終，只有兩段文字被印出來，一個是在 runBlocking 區塊的 start launch，另一個則是第一個任務的 Job1 done，而任務二內的 Job2 done 由於還沒執行就被取消，所以沒有列印出來。

```
fun main() = runBlocking {
    val job1 = launch {
        delay(100)
        println("Job1 done")
    }

    val job2 = launch {
        delay(1000)
        println("Job2 done")
    }

    println("start launch")
    delay(300)
    job2.cancel()
}
```

Example 4-1：取消 launch

```
start launch
Job1 done
```

執行時序圖如圖 4-2，外層的 Coroutine 在暫停完成之後，呼叫任務二的 job.cancel() 取消該任務，如此任務二內尚未完成的任務都不會執行，當然正在執行的則是會取消。

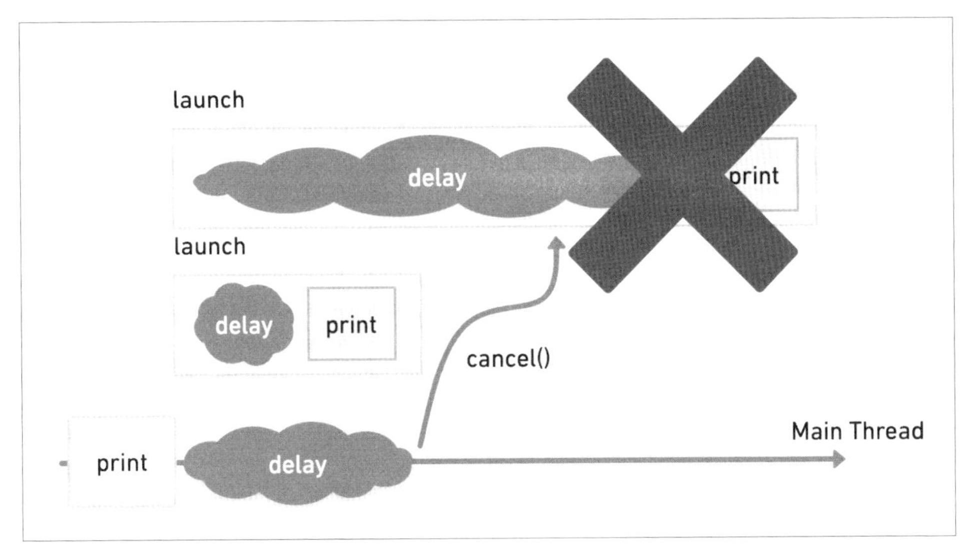

圖 4-2　Example 4-1 時序圖

Example 4-1 中，所有子任務裡面都包括了 **delay** 函式，開啟原始碼一看，發現因為它是一個 **suspendCancellableCoroutine**。

```
public suspend fun delay(timeMillis: Long) {
    if (timeMillis <= 0) return
    return suspendCancellableCoroutine sc@ { ... }
}
```

從這個類別的名稱我們可以猜測，它是可以被取消的。不過假如在 Coroutine 內部如果沒有使用 **delay** 函式，該 Coroutine 是不是就不能夠被取消了呢？為了得到這個問題的答案，我們用 Example 4-2 來作一個測試，Example 4-2 內有一個 launch 建立的 Coroutine，在裡面包含一個無窮迴圈，它代表的是一個忙碌的副程式。在外層等待 1 秒鐘後，呼叫這個 Job 的 **cancel** 函式，是否能如 Example 4-1 一樣取消特定的 Coroutine 呢？

```
fun main() = runBlocking {
    val job = launch(Dispatchers.Default) {
        while (true) {
            println("Do something...")
        }
    }

    println("start")
    delay(1000)
    job.cancel()
    println("Done")
}
```

Example 4-2，無法取消的 launch

執行結果如下，這個 Coroutine 沒有辦法被取消。

```
start
Do something...
Do something...
Do something...
Do something...
Do something...
Do something...
Do something...
Do something...
Do something...
Done
Do something...
Do something...
Do something...
```

那麼我們該如何解決呢？其中一個方法就是在這個迴圈中加入 **delay** 函式，當呼叫到 **delay** 函式的時候，會尋找下一個可以執行的 Coroutine 並把目前的控制權交給它，在這個範例中，就是交給外層的 Coroutine。

將 Example 4-2 子 Coroutine 迴圈內加上一個 **delay(100)**，在每次的迴圈任務開始會暫停 100 毫秒。當 Coroutine 暫停的時候，就會將控制權交給其它 Coroutine，若在此時呼叫被暫停 Coroutine 的 Job 的 **cancel** 函式，這個 Coroutine 就會被取消。

```
fun main() = runBlocking {
    val job = launch(Dispatchers.Default) {
        while (true) {
            delay(100)
            println("Do something...")
        }
    }

    println("start")
    delay(1000)
    job.cancel()
    println("Done")
}
```

Example 4-3，在 launch 內加入 delay() 使其可被取消

```
start
Do something...
Do something...
Do something...
Do something...
Do something...
Do something...
Do something...
Do something...
Do something...
Done
```

4-3-2 使用 isActive 取消任務

除了加入 **delay** 函式，還有沒有其他的方式能夠讓 Coroutine 能被取消呢？畢竟每次都要暫停好像怪怪的，在 4-2 節所介紹的 Job，裡面包含了三個布林值，其中一個是 **isActive**，可以利用這個值來作判斷，從表 4-1 得知，當 Job 的狀態為 **Active** 或 **Competing** 的時候 isActive 為 true。

所以如果我們希望這個任務只有在該 Coroutine 狀態為 Active 才執行，我們可以將 Example 4-2 內的無窮迴圈改成判斷 isActive 的方式：

```
fun main() = runBlocking {
    val job = launch(Dispatchers.Default) {
        while (isActive) {
            println("Do something...")
        }
    }

    println("start")
    delay(100)
    job.cancel()
    println("Done")
}
```

Example 4-4，用 isActive 判斷 Coroutine 是否可執行

```
start
Do something...
Do something...
Do something...
Do something...
Do something...
Do something...
Do something...
Do something...
Do something...
Do something...
Do something...
Do something...
Do something...
Done
```

為什麼我們能直接在 Coroutine 裡面使用 isActive 呢？進入 isActive 的原始碼一看，原來在 CoroutineScope 裡面使用的 isActive 是 CoroutineScope 的擴充函式之一，它真實的內容也是存取當下 CoroutineScope 內的 **CoroutineContext** 裡的 Job 的 isActive。所以真相大白了，原來只是同名同姓而已啊。

```
//CoroutineScope.kt

public val CoroutineScope.isActive: Boolean
    get() = coroutineContext[Job]?.isActive ?: true
```

4-3-3 使用 ensureActive 函式取消任務

在 **CoroutineScope.kt** 內，有一個擴充函式 **ensuereActive** 也能判斷目前 Coroutine 是否為狀態 Active。而從它的程式碼可以發現，最終在 Job.kt 發現它其實也是讀取 isActive，會在 Active 為 false 的時候拋出 **CancellationException** 終結該 Coroutine。

```
//CoroutineScope.kt

public fun CoroutineScope.ensureActive(): Unit = coroutineContext.
ensureActive()


//Job.kt

public fun CoroutineContext.ensureActive() {
   get(Job)?.ensureActive()
}

public fun Job.ensureActive(): Unit {
    if (!isActive) throw getCancellationException()
}
```

將 Example 4-2 改為判斷 ensureActive()：

```
fun main() = runBlocking {
    val job = launch(Dispatchers.Default) {
        while (true) {
            ensureActive()
            println("Do something...")
        }
    }
    println("start")
    delay(100)
    job.cancel()
    println("Done")
}
```

Example 4-5，用 ensureActive() 判斷 Coroutine 是否可執行

結果如下：

```
start
Do something...
Do something...
Do something...
Do something...
Do something...
Do something...
Do something...
Do something...
Do something...
Do something...
Do something...
Do something...
Do something...
Done
```

4-3-4 使用 yield 函式取消任務

除了前面的方式，還可以使用 **yield** 函式。與 **delay** 函式類似，使用 **yield** 函式時，會將目前的 Coroutine 的控制權交出去，獲得控制權的 Coroutine 就能夠取消還在執行的任務。

```
import kotlinx.coroutines.*

fun main() = runBlocking {
    val job = launch(Dispatchers.Default) {
        while (true) {
            yield()
            println("Do something...")
        }
    }
    println("start")
    delay(100)
    job.cancel()
    println("Done")
}
```

Example 4-6，加入 yield 函式使 Coroutine 能被取消

```
start
Do something...
Do something...
Do something...
Do something...
Do something...
Do something...
Do something...
Do something...
Do something...
Do something...
Do something...
Do something...
Do something...
Done
```

心智圖

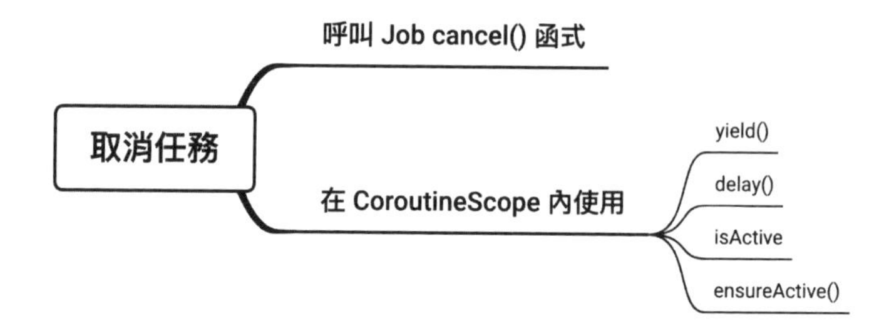

4-4 取消多個任務

結構化併發的設計之下，若父 Job 被取消，所有子 Job 也會跟著被取消，Example 4-7 示範在一個 launch 中包含兩個 launch 區塊，結構圖如圖 4-3，這兩個 launch 產生的 Job 成為外層 launch 的子 Job。執行結果只會印出一個 start launch，因為兩個子任務的 Job 都因為父 Job 被取消後一併被取消了。

```
fun main() = runBlocking {
    val parentJob = launch { //parent job
        launch {
            delay(500)
            println("Job1 done")
        }

        launch {
            delay(1000)
            println("Job2 done")
        }
    }

    println("start launch")
    delay(100)
    parentJob.cancel()
}
```

Example 4-7，取消父任務，所有子任務也同時被取消

```
start launch
```

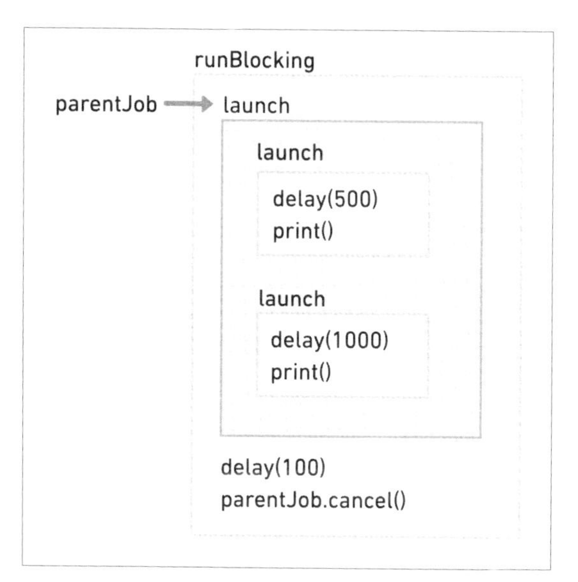

圖 4-3　Example 4-3 結構圖

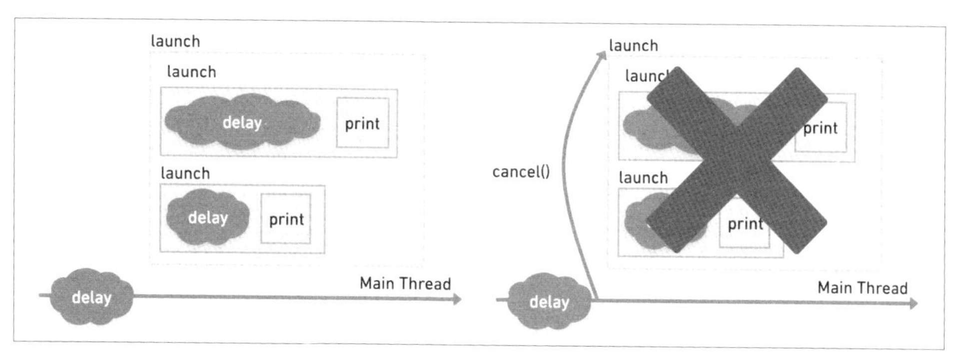

圖 4-4　Example 4-3 執行流程圖

4-4-1　取消子任務，不會影響到父任務

到目前為止，我們知道呼叫 Job 的 **cancel** 函式會取消包含 **delay**、**yield** 函式的 Coroutine 區塊。且呼叫父 Job 的 **cancel** 函式，無論是否直接呼叫到子 Job 的 **cancel** 函式，所有的子類都會被取消。

現在我們把情況反過來，若父 Job 內部有許多子 Job，取消子 Job，父 Job 會有什麼反應呢？在繼續討論之前，我們先來回想一下 Job 的生命週期，在圖 4-1 中，除了正常的情況（狀態：Completed）終結 Job，另一個終結 Job 的方式就是 Cancelled，而讓 Job 進入 Cancelled 狀態的情況有 cancel 以及 fail，換句話說，就是在程式中呼叫 **cancel** 函式讓 Job 被取消，或是執行任務的時候遇到了例外，當程式拋出例外後，該 Job 也跟著結束。

接下來的範例，我們將分別考慮這兩種不同的情況，依此解析出背後的真相。

4-4-1-1 呼叫子任務的 cancel 函式

Example 4-8，在一個父 Job（parentJob）中，包含了兩個任務：childJob1、childJob2。childJob1 執行一個耗時的任務，childJob2 則是呼叫 **join** 函式把 childJob1 加入 childJob2。最後父 Job 呼叫 childJob1 的 **cancel** 函式將其取消，並呼叫 childJob2 的 **join** 函式將 childJob2 加入至 parentJob 內。

執行後可以發現，當子 Job 被取消，父 Job 並不會受到影響，而且會繼續執行，直到完成全部任務。

```
fun main() = runBlocking {
    val parentJob = launch {
        val childJob1 = launch {
            while(true){
                println("heavy work")
            }
        }

        val childJob2 = launch {
            childJob1.join()
            println("Job1 is cancelled")

            delay(200)
            println("Job2 done")
        }
```

```
        childJob1.cancel()
        childJob2.join()
        println("parent is not cancelled")
    }

    println("start")
    parentJob.join()
    println("done")
}
```

Example 4-8，取消子 Job

```
start
Job1 is cancelled
Job2 done
parent is not cancelled
done
```

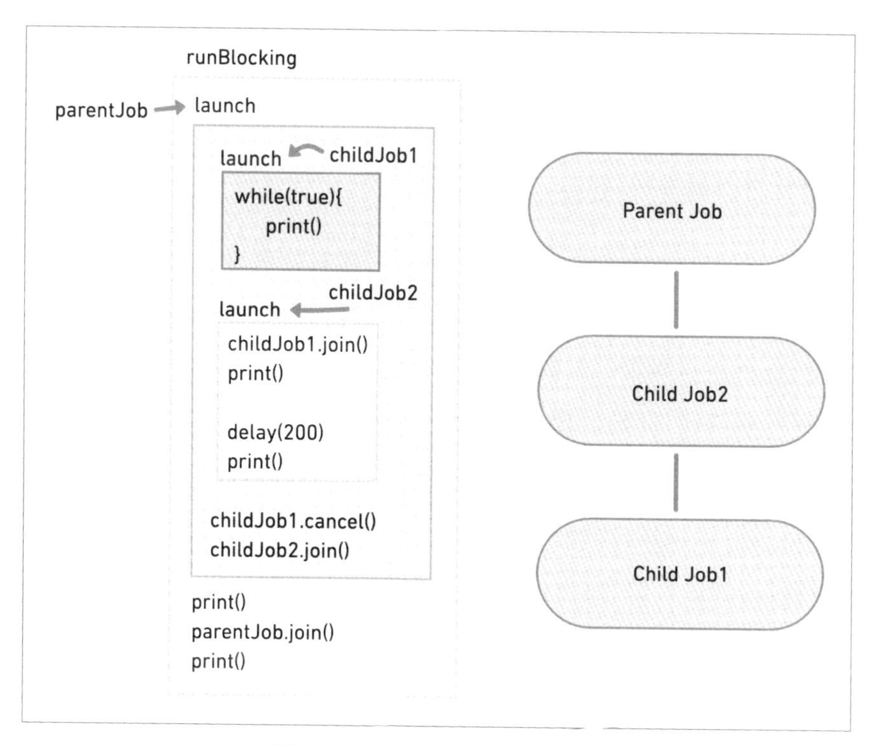

圖 4-5 Example 4-8 結構圖

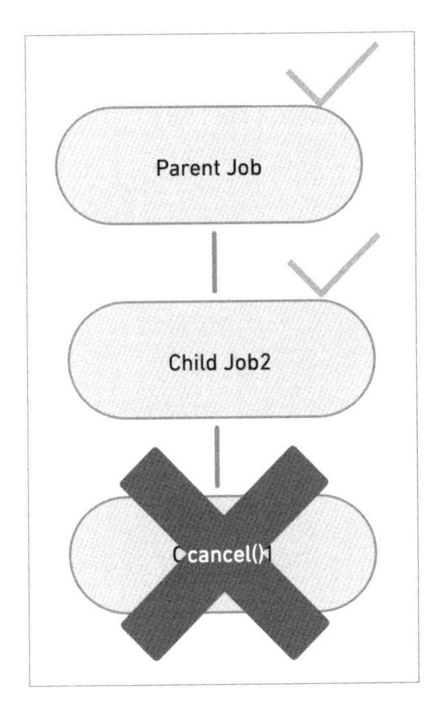

圖 4-6　取消子 Job 不會影響到父 Job

4-4-1-2　子任務發生例外

另一個情況是當子 Job 發生例外，父 Job 又會有什麼反應呢？類似 Example 4-8，Example 4-9 一樣使用 launch 建立 Coroutine，並在裡面使用 launch 建立兩個 Job：childJob1 以及 childJob2，與 Example 4-8 不同的是，childJob1 內部改為暫停 200 毫秒之後，拋出例外，並將在 parentJob 內的 **`childJob1.cancel()`** 刪除。

執行 Example4-9，發現當發生例外後，除了自己本身的 Job 被取消外，連帶的因為 childJob2 呼叫 **`childJob1.join()`** 將 childJob1 加入到 childJob2 內，導致這兩個子 Job 都因例外而終止。

因為例外會**向上傳遞**，所以若沒有對例外作處理，例外就會一路往上傳遞至 parentJob。

```
fun main() = runBlocking {
    val parentJob = launch {
        val childJob1 = launch {
            println("childJob1 start")
            delay(200)
            throw Error("Something incorrect")
        }

        val childJob2 = launch {
            println("childJob2 start")
            childJob1.join()
            println("Job1 is cancelled")

            delay(200)
            println("Job2 done")
        }

        childJob2.join()
        println("parent is not cancelled")
    }

    println("start")
    parentJob.join()
    println("done")
}
```

Example 4-9，子 Job 發生例外

```
start
childJob1 start
childJob2 start
Exception in thread "main" java.lang.Error: Something incorrect
    at com.andyludeveloper.coroutine_book_example.ch4.Example9_
Child_Job_Has_ExceptionKt$main$1$parentJob$1$childJob1$1.
invokeSuspend(Example9_Child_Job_Has_Exception.kt:10)
    at kotlin.coroutines.jvm.internal.BaseContinuationImpl.
resumeWith(ContinuationImpl.kt:33)
    at kotlinx.coroutines.DispatchedTaskKt.resume(DispatchedTask.
kt:234)
    at kotlinx.coroutines.DispatchedTaskKt.dispatch(DispatchedTask.
kt:166)
    ...
```

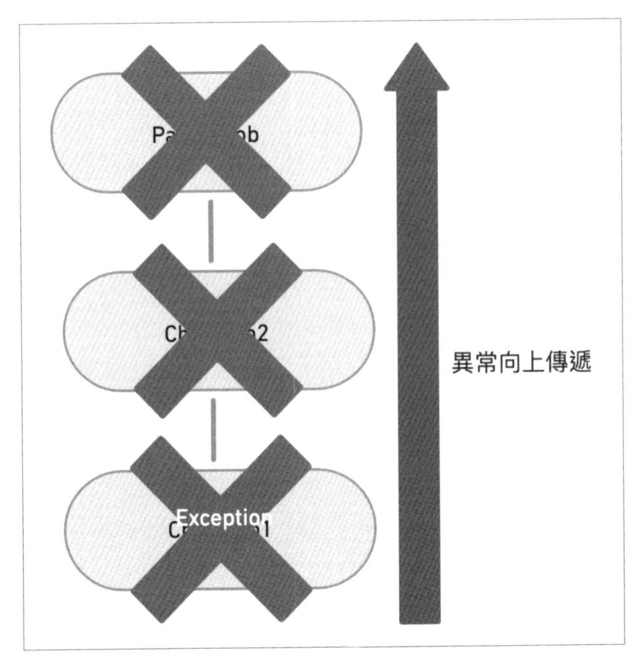

圖 4-7　例外向上傳遞

Example 4-10 將 **childJob1.join()** 移除，如此 childJob1 就不會在 childJob2 內部，結構圖如圖 4-8，由於 childJob1 發生例外的時候，childJob2 還沒有結束，所以當 parentJob 收到向上傳遞的例外時，就會取消所有還沒有執行完成的子 Job。

```
fun main() = runBlocking {
    val parentJob = launch {
        val childJob1 = launch {
            println("childJob1 start")
            delay(200)
            throw Error("Something incorrect")
        }

        val childJob2 = launch {
```

```
                println("childJob2 start")
                //childJob1.join()
                println("childJob1 is cancelled")

                delay(200)
                println("childJob2 done")
            }
            childJob2.join()
            println("parent is not cancelled")
        }

    println("start")
    parentJob.join()
    println("done")
}
```

Example 4-10，因 ChildJob2 還沒完成，所以會在 ParentJob 收到例外時被取消

```
start
childJob1 start
childJob2 start
childJob1 is cancelled
Exception in thread "main" java.lang.Error: Something incorrect
    at com.andyludeveloper.coroutine_book_example.ch4.Example10_
Child_Job_Has_ExceptioinKt$main$1$parentJob$1$childJob1$1.
invokeSuspend(Example10_Child_Job_Has_Exceptioin.kt:10)
    at kotlin.coroutines.jvm.internal.BaseContinuationImpl.
resumeWith(ContinuationImpl.kt:33)
    at kotlinx.coroutines.DispatchedTaskKt.resume(DispatchedTask.
kt:234)
    at kotlinx.coroutines.DispatchedTaskKt.dispatch(DispatchedTask.
kt:166)
    ...
```

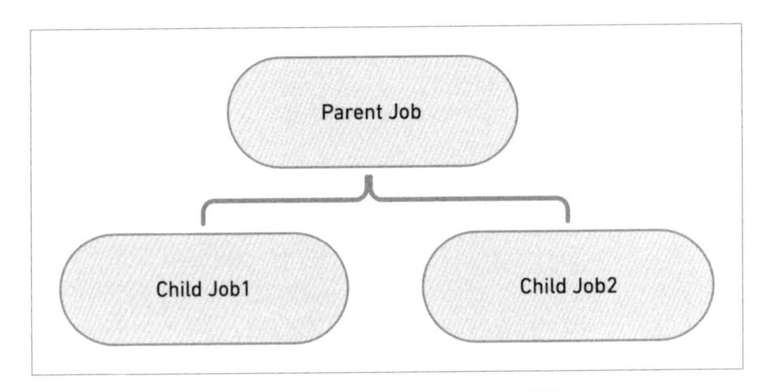

圖 4-8　Example 4-10 結構圖

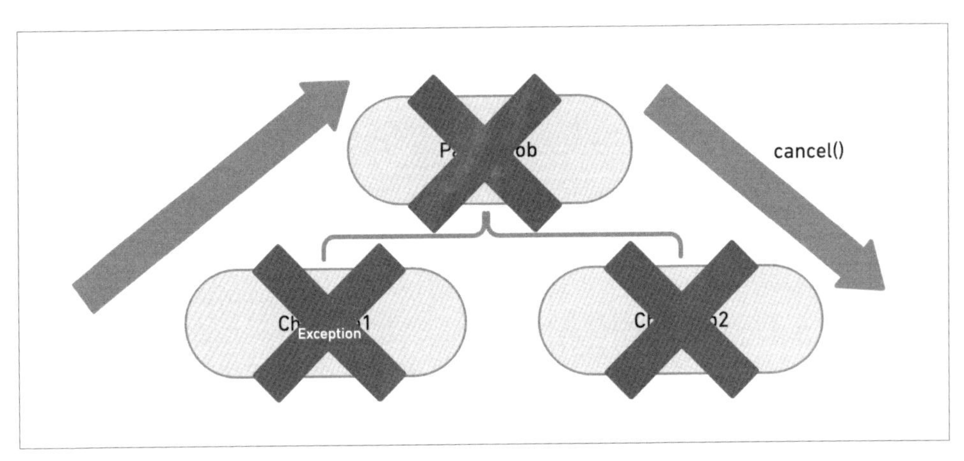

圖 4-9　例外向上傳遞，並取消未完成的任務

Example 4-11 將 childJob2 內部的 **delay(200)** 替換成 **yield** 函式，如此在 childJob1 發生例外的時候，childJob2 早已完成，執行結果如下：可以發現，因為 childJob2 已經完成，所以不會因為 childJob1 發生例外而被取消。從結果我們發現，子任務完成之後，是沒有辦法被取消的。

```
fun main() = runBlocking {
    val parentJob = launch {
        val childJob1 = launch {
            println("childJob1 start")
            delay(200)
```

```
            throw Error("Something incorrect")
        }

        val childJob2 = launch {
            println("childJob2 start")
            //childJob1.join()
            println("childJob1 is cancelled")

            //delay(200)
            yield()
            println("childJob2 done")
        }
        childJob2.join()
        println("parent is not cancelled")
    }

    println("start")
    parentJob.join()
    println("done")
}
```

Example 4-11，父任務無法取消已完成的任務

```
start
childJob1 start
childJob2 start
childJob1 is cancelled
childJob2 done
parent is not cancelled
Exception in thread "main" java.lang.Error: Something incorrect
    at com.andyludeveloper.coroutine_book_example.ch4.Example11_
Child_Job_Has_ExceptioinKt$main$1$parentJob$1$childJob1$1.
invokeSuspend(Example11_Child_Job_Has_Exceptioin.kt:10)
    at kotlin.coroutines.jvm.internal.BaseContinuationImpl.
resumeWith(ContinuationImpl.kt:33)
    at kotlinx.coroutines.DispatchedTaskKt.resume(DispatchedTask.kt:234)
    at kotlinx.coroutines.DispatchedTaskKt.dispatch(DispatchedTask.
kt:166)
    ...
```

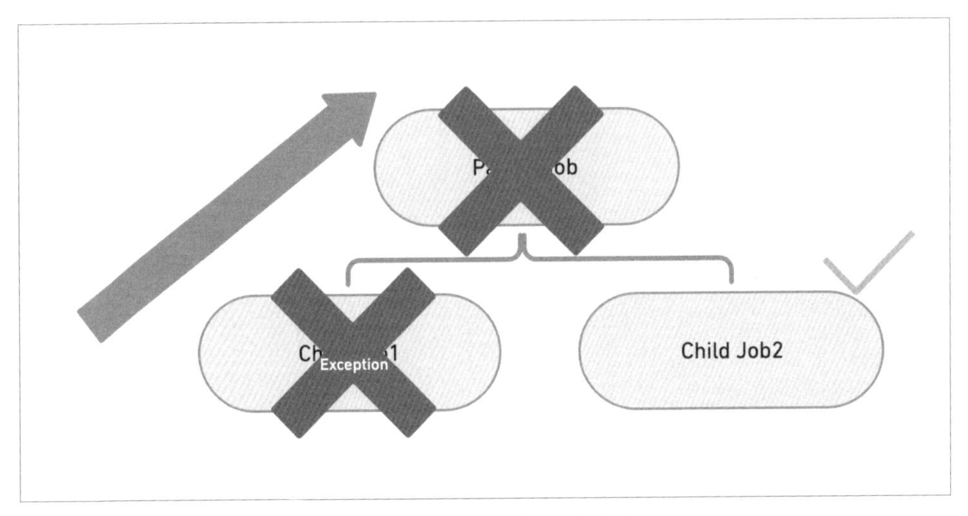

圖 4-10　父任務無法取消已完成的子任務

4-4-2　例外處理

看到了例外，你可能在想是不是可以使用 try-catch 攔截下來呢？若將 **parentJob.join()** 用 try-catch 包起來，例外同樣會往上傳遞，最後終結 runBlocking 產生的 Coroutine。

```
try{
    parentJob.join()
}catch(e: Error){
    println(e.message)
}
```

需要使用 **CoroutineExceptionHandler** 才夠將例外攔截下來，如 Example 4-12：

Coroutine 攔截例外的方式與執行緒類似，後者是採用 UncaughtExceptionHandler 來攔截。

```
fun main() = runBlocking {
    val ceh = CoroutineExceptionHandler { _, e -> println(e) }
    val scope = CoroutineScope(ceh)

    val parentJob = scope.launch {
        val childJob1 = launch {
            println("childJob1 start")
            delay(200)
            throw Error("Something incorrect")
        }

        val childJob2 = launch {
            println("childJob2 start")
            childJob1.join()

            delay(200)
            println("childJob2 done")
        }

        childJob2.join()
        println("parent is not cancelled")
    }

    println("start")
    parentJob.join()
    println("done")
}
```

Example 4-12，用 `CoroutineExceptionHandler` 處理例外

```
start
childJob1 start
childJob2 start
childJob1 is cancelled
java.lang.Error: Something incorrect
done
```

心智圖

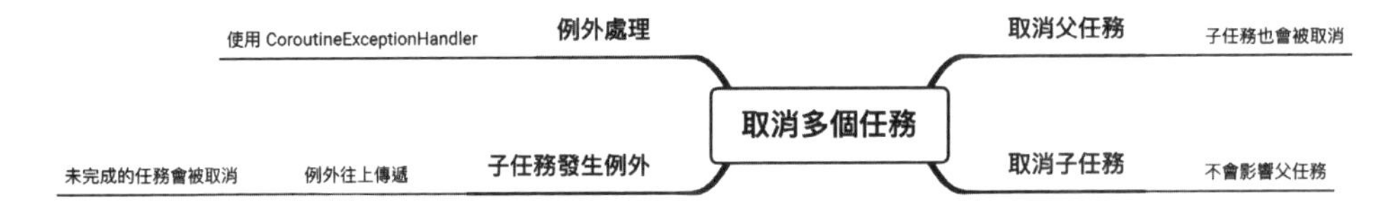

4-5 SupervisorJob

前一小節中，我們知道在 Coroutine 內需要使用 **CoroutineExceptionHandler** 處理例外。當子任務發生例外時，會將例外向上傳遞，當父 Job 收到例外後，就會取消尚未執行的任務。

那麼，若我們希望能夠在發生例外時，尚未完成的任務可以繼續，而不會被例外中斷呢？

Example 4-13 是在 launch 內部發生例外，我們只需要在 launch 內部加上一個 **try-catch** 就可以解決因例外中斷尚未完成的任務。

```
fun main() = runBlocking {
    val ceh = CoroutineExceptionHandler {_, e -> println(e.message) }
    val scope = CoroutineScope(ceh)

    val parentJob = scope.launch {
        launch { //job1
            println("job1 start")
            delay(100)
            println("job1 done")
        }

        launch { // job2
            try {
                println("job2 start")
```

```
                throw Error("something wrong")
            } catch (e: Error) {
                println("error")
            }
        }

        launch { // job3
            println("job3 start")
            delay(300)
            println("job3 done")
        }
    }

    parentJob.join()
    println("done")
}
```

Example 4-13，使用 try-catch 攔截例外，不讓例外往上傳遞

由結果得知，因為 try-catch 把例外攔截下來，例外被 try-catch 攔截處理後，就不會繼續向上傳遞，尚未完成的任務也能夠繼續執行。不過，這樣子的話，我們就必須要在每一個可能發生例外的地方加上 try-catch，不過這種方式可能不太好，一方面是有可能會有漏網之魚；另一方面則是這樣子會改變執行順序。

```
job1 start
job2 start
error
job3 start
job1 done
job3 done
done
```

所以我們還是希望能夠透過 **CoroutineExceptionHandler** 來處理例外，但是又希望例外不要影響其他尚未處理的任務，我們可以怎麼做呢？

4-5-1 supervisorScope { }

將 parentJob 內部的子 Job 在 **supervisorScope** 內執行，將子任務用 **supervisorScope{ }** 包起來後，在這裡面的 launch 所產生的 Job 就不是原本的 Job 而是 SupervisorJob。SupervisorJob 與 Job 的不同就是當 SupervisorJob 發生例外時，該例外不會影響在同一個範圍的其他任務，也就是說，不會因為例外而讓其他的任務被取消。

```
fun main() = runBlocking {
    val ceh = CoroutineExceptionHandler {_, e -> println(e.message) }
    val scope = CoroutineScope(ceh)

     val parentJob = scope.launch {
         supervisorScope {
             val job1 = launch {
                 println("job1 start")
                 delay(100)
                 println("job1 done")
             }

             val job2 = launch {
                 println("job2 start")
                 throw Error("something wrong")
             }

             val job3 = launch {
                 println("job3 start")
                 delay(300)
                 println("job3 done")
             }
         }
     }
     parentJob.join()
     println("done")
}
```

Example 4-14，用 supervisorScope{ } 建立 Coroutine 作用域

由結果可以得知，雖然沒有使用 try-catch 將例外攔截下來，並讓例外向上傳遞，其他子 Job 卻沒有因為這個例外而導致任務被中斷。

```
job1 start
job2 start
job3 start
something wrong
job1 done
job3 done
done
```

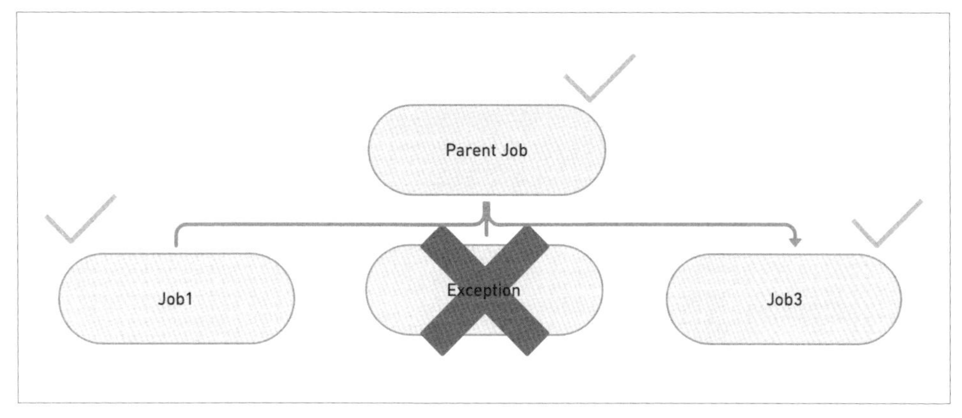

圖 4-11　使用 supervisorScope{}，讓未完成的任務不會被取消

4-5-2 SupervisorJob

除了可以使用 **supervisorScope{}** 建立包含 **SupervisorJob** 的作用域，也可以將 SupervisorJob 直接傳進 CoroutineScope 建構式中。如 Example 4-15，將 **SupervisorJob()** 帶入 **CoroutineScope()** 中，並使用該 CoroutineScope 呼叫其 launch 函式建立三個 Coroutine，再使用 **join** 函式依 Job1、Job2、Job3 的順序執行。

從結果我們可以發現，當 Job2 發生例外，雖然例外會向上傳遞至 **CoroutineExceptionHandler**，但是卻不會影響到尚未執行的 Job3；也就是說，CoroutineScope 的 Job 為 SupervisorJob 時，若有任務發生例外，尚未完成的任務皆不會被中斷，最終都能順利的執行完成。

```
fun main() = runBlocking {
   val ceh = CoroutineExceptionHandler { _, e -> println(e.message) }
   val scope = CoroutineScope(SupervisorJob() + ceh)

   scope.launch { // Job1
       println("job1 start")
       delay(100)
       println("job1 done")
   }.join()

   scope.launch {// Job2
       println("job2 start")
       throw Error("something wrong")
   }.join()

   scope.launch {// Job3
       println("job3 start")
       delay(300)
       println("job3 done")
   }.join()

   println("done")
}
```

Example 4-15，將 SupervisorJob 帶入 CoroutineScope 建構器中

```
job1 start
job1 done
job2 start
something wrong
job3 start
job3 done
done
```

除了可以將 SupervisorJob 傳入 CoroutineScope 建構式，也可以將 SupervisorJob 傳入 Coroutine 建構式中，如 Example 4-16，將 SupervisorJob 傳進 launch 中，當例外發生時，例外會被 **CoroutineExceptionhandler** 處理而不會影響到尚未完成的任務。

```
fun main() = runBlocking {
    val ceh = CoroutineExceptionHandler { _, e -> println(e.message) }
    val scope = CoroutineScope(ceh)

    val job = SupervisorJob()

    val parentJob = scope.launch {
        launch(job) {                   // Job1
            println("job1 start")
            delay(100)
            println("job1 done")
        }.join()

        launch(job) {                   // Job2
            println("job2 start")
            throw Error("something wrong")
        }.join()

        launch(job) {                   // Job3
            println("job3 start")
            delay(300)
            println("job3 done")
        }.join()
    }
    parentJob.join()

    println("done")
}
```

Example 4-16，將 SupervisorJob() 帶入 Coroutine 建構器中

```
job1 start
job1 done
job2 start
```

```
something wrong
job3 start
job3 done
done
```

心智圖

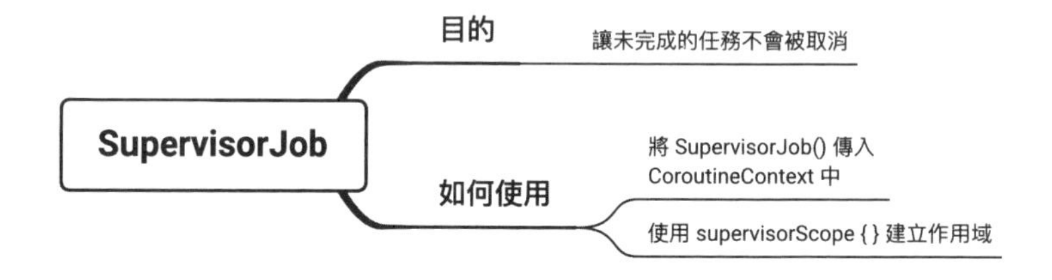

小結

在結構化併發的架構之下，當父 Job 被取消的時候，所有子 Job 也會收到取消的信號而進行取消，如此我們就能夠以更優雅的方式取消所有的任務。雖然聽起來很美好，但是如果子任務裡面並沒有包含 suspendCancellableCoroutine，那麼就算取消父 Job，子 Job 也是不會被取消，讓子任務包含 suspendCancellableCoroutine 的方式很簡單，我們可以依照需求在子 Coroutine 範圍內加上 yield 或是 delay 函式，使用這兩個 suspend 函式，該類能夠被取消。

當子 Job 發生例外時，例外會向上傳遞，並且取消尚未完成的子 Job，假設我們不希望取消尚未完成的子 Job，可以將 Coroutine 內的 Job 替換成 SupervisorJob，當 SupervisorJob 發生例外，雖然例外仍然會向上傳遞，但不會取消其他尚未完成的任務，不過如果父 Job 沒有處理該例外，例外就會繼續往上傳遞直到根 CoroutineScope。

Chapter

5

內建的 suspend 函式

本章目標

- 了解內建的 suspend 函式以及用法
- delay 函式
- yield 函式
- join 以及 joinAll 函式
- withContext 函式
- withTimeout 函式

在前面的章節中，已經介紹多個內建的 suspend 函式，包括使用 **delay** 函式暫停 Coroutine、使用 **join** 函式讓任務在目前的 Coroutine 上執行 ...，在本章節將繼續介紹內建的 suspend 函式。

5-1 delay 函式

5-1-1 delay 簡介

```
suspend fun delay(timeMillis: Long)
```

delay 函式是非阻塞執行緒的 suspend 函式，當現在執行的 Coroutine 被暫停後，將搜尋下一個可以執行的 Coroutine 區塊。當暫停時間結束，才會從暫停的地方恢復執行。

```
fun main() = runBlocking {
    launch {
        println("Job1 start")
        delay(100)
        println("Job1 end")
    }

    launch {
        println("Job2 start")
        delay(200)
        println("Job2 end")
    }

    launch {
        println("Job3 start")
        delay(300)
        println("Job3 end")
```

```
    }

    println("Start")
}
```

Example 5-1，delay 函式

執行順序

1. 前面章節已介紹過 Coroutine 的執行順序是由外層至內層，由上至下。所以會從第一個 launch 區塊 - Job1 開始執行。
2. 當 Job1 內 **delay(100)** 函式讓 Coroutine 暫停 100 毫秒後，就尋找下一個可執行的區塊 - Job2。
3. Job2 內同樣也使用 **delay** 函式暫停 Coroutine，Job2 被暫停後，接下來一樣會去尋找下一個可執行的區塊 - Job3。
4. Job3 也是使用 **delay** 暫停 Coroutine，不過在呼叫 Job3 的 **delay(300)** 函式後，目前沒有可以執行的 Coroutine。
5. 大約 100 毫秒之後，Job1 暫停時間到，所以開始執行後面的任務。
6. 同樣地，Job2、Job3 內的 **delay()** 函式會依序的結束，所以會按照 Job1 -> Job2 -> Job3 的順序恢復執行。

```
Start
Job1 start
Job2 start
Job3 start
Job1 end
Job2 end
Job3 end
```

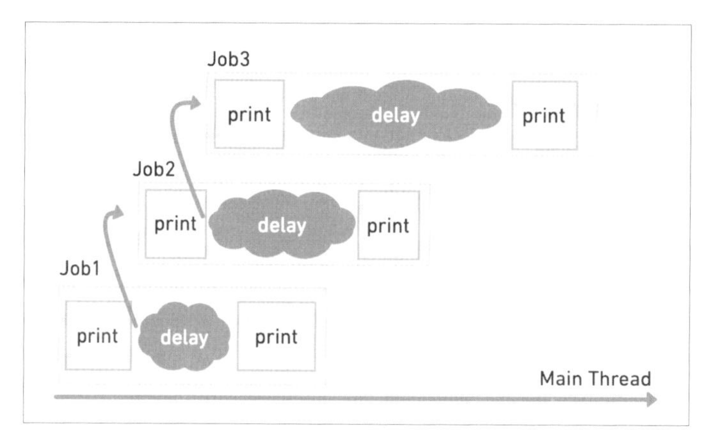

圖 5-1　呼叫 delay()，執行權交給其它 Job

當 Coroutine 內呼叫 delay() 函式暫停時，若在暫停的時候這個 Coroutine 的 Job 被取消（呼叫 Job 的 **cancel** 函式），該 Coroutine 將會保證一定被取消（Prompt Cancellation Guarantee），而且會拋出 CancellationException。

5-1-2　CancellationException

CancellationException 在 Coroutine 中是一種特殊的例外，當這種例外發生時，有兩種處理的方式，可以使用 **try-catch** 將其捕捉起來，或者也可以不管它，因為它並不會中斷其餘的任務。

Example 5-2 是將 Example 5-1 第一個 launch 內部用 try-catch 包起來，當 Job1 被取消後，發現 **CancellationException** 會被捕捉起來。

```
fun main() = runBlocking {
    val job1 = launch {
        try {
            println("Job1 start")
            delay(100)
```

```
            println("Job1 end")
        } catch (e: CancellationException) {
            println("Job1 has been canceled")
        }
    }

    launch {
        println("Job2 start")
        job1.cancel()
        println("Job2 end")
    }

    launch {
        println("Job3 start")
        delay(300)
        println("Job3 end")
    }

    println("Start")
}
```

Example 5-2，try-catch 捕捉 CancellationException

```
Start
Job1 start
Job2 start
Job2 end
Job3 start
Job1 has been canceled
Job3 end
```

如果不使用 try-catch 捕捉 **`CancellationException`**，雖然例外沒有被捕捉，但是也不會影響到其他的任務，因為 CancellationException 是一個特殊的例外，如果沒有自行處理，則會被 Coroutine 處理。Example 5-3 的 Job1 在暫停 100 毫秒的期間被 Job2 給取消了，但是卻沒有影響還沒有執行的 Job3，所以後者能夠順利的執行。

```
fun main() = runBlocking {
    val job1 = launch {
        println("Job1 start")
        delay(100)
        println("Job1 end")
    }

    launch {
        println("Job2 start")
        job1.cancel()
        println("Job2 end")
    }

    launch {
        println("Job3 start")
        delay(300)
        println("Job3 end")
    }

    println("Start")
}
```

Example 5-3，不使用 try-catch 捕捉 CancellationException

```
Start
Job1 start
Job2 start
Job2 end
Job3 start
Job3 end
```

5-1-2-1 釋放資源

當 Coroutine 被取消時，可以使用 **`try-catch`** 捕捉 CancellationException，有時候需要在結束的時候做一些事，例如釋放持有的物件。使用 **`try-catch-finally`** 能夠達成這樣的需求，只需要將一定要執行的程式碼寫在 finally 區塊，當任務結束後，就一定會進入到 finally 區塊執行必要的動作。使用 finally 區塊時，不一定需要搭配 catch 區塊，如 Example 5-4 只使用 try-finally 也可以。

```
fun main() = runBlocking {
    launch {
        try {
            println("Job1 start")
            delay(100)
            println("Job1 end")
        } finally {
            println("release Job1")
        }
    }

    launch {
        println("Job2 start")
        delay(200)
        println("Job2 end")
    }

    launch {
        println("Job3 start")
        delay(300)
        println("Job3 end")
    }

    println("Start")
}
```

Example 5-4，使用 try-finally 執行必要的函式

```
Start
Job1 start
Job2 start
Job3 start
Job1 end
release Job1
Job2 end
Job3 end
```

在 Kotlin 中，也可以使用 use 函式來將一個實作 Closable 的物件在使用完畢後自動執行其 close 函式。

心智圖

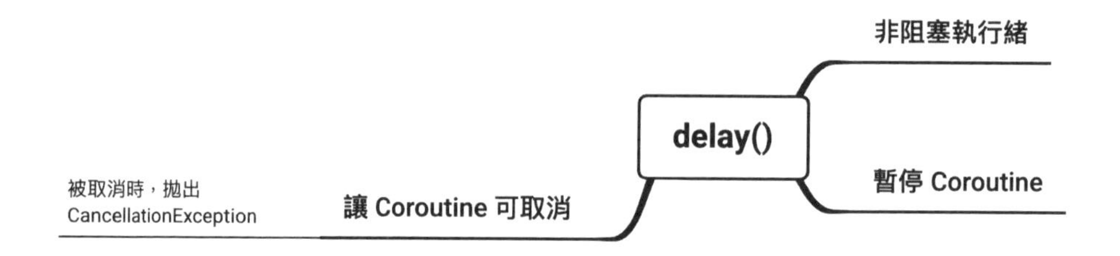

5-2 yield 函式

```
suspend fun yield()
```

在第四章已有使用 **yield** 函式，那時我們是讓 Coroutine 的執行權交給其它 Coroutine 上，而在那之後，該 Coroutine 就能夠被取消，那麼 **yield** 函式到底是什麼用途呢？我們可以從官方文件的介紹，了解 **yield** 函式的意義。

> *Yields the thread (or thread pool) of the current coroutine dispatcher to other coroutines on the same dispatcher to run if possible.*

如果可能，將目前 Coroutine 的執行緒或執行緒池讓給不同 Coroutine 但相同 Coroutine 調度器執行。

```
fun main() = runBlocking {
    val child = launch {
        try {
            println("Child coroutine start") //2-2
            delay(Long.MAX_VALUE) // 3-1
        } finally { //4-2
            println("Child coroutine is canceled")
        }
    }
```

```
    println("Parent coroutine start") // 1
    yield() //2-1
    println("Canceling child") // 3-2
    child.cancel() // 4-1
    child.join() // 5-1
    println("Parent coroutine is not canceled") //5-2
}
```

Example 5-5，父 Coroutine 呼叫 yield 函式

【執行步驟】

1. 從外層的 Coroutine 開始執行，印出 Parent coroutine start。
2. 呼叫 **yield** 函式，此時外層 Coroutine 將執行權讓給其他 Coroutine 來執行，所以 Coroutine 的執行權就會切換至子 Coroutine，列印出 Child coroutine start。
3. 子 Coroutine 內呼叫 **delay(Long.MAX_VALUE)**，子 Coroutine 狀態切換至等待狀態，Coroutine 的執行權切回外層的 Coroutine，印出 Canceling child。
4. 呼叫 **child.cancel()** 取消子 Coroutine。(因為子 Coroutine 目前還在暫停中，所以能夠被取消。) 當子 Coroutine 被取消後，會進入 finally 區塊，列印出 Child coroutine is canceled。
5. 因子 Coroutine 已被取消，呼叫 **child.join()** 是無作用的，最後列印 Parent coroutine is not canceled 結束全部任務。

```
Parent coroutine start
Child coroutine start
Canceling child
Child coroutine is canceled
Parent coroutine is not canceled
```

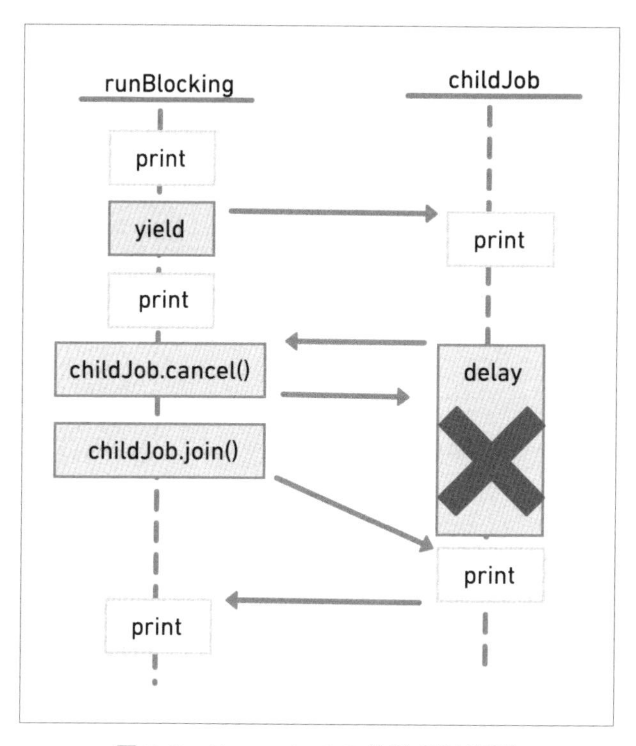

圖 5-2　Example 5-5 的執行時序圖

如果我們將 **`yield`** 函式註解掉，可以發現並不會列印 Child coroutine start，因為外層的 Coroutine 沒有將執行權讓出，所以不會進入子 Coroutine。如 Example 5-6，仔細看輸出的結果，發現連子 Coroutine 的 finally 區塊都沒有進入，也就是說，因為 Coroutine 沒有啟動，取消該 Coroutine 也沒有作用。

```
fun main() = runBlocking {
    val child = launch {
        try {
            println("Child coroutine start") //2-2
            delay(Long.MAX_VALUE) // 3-1
        } finally { //4-2
            println("Child coroutine is canceled")
        }
    }
```

```
    println("Parent coroutine start") // 1
    //yield() //2-1
    println("Canceling child") // 3-2
    child.cancel() // 4-1
    child.join() // 5-1
    println("Parent coroutine is not canceled") //5-2
}
```

Example 5-6，父 Coroutine 沒有呼叫 yield()

```
Parent coroutine start
Cancelling child
Parent coroutine is not canceled
```

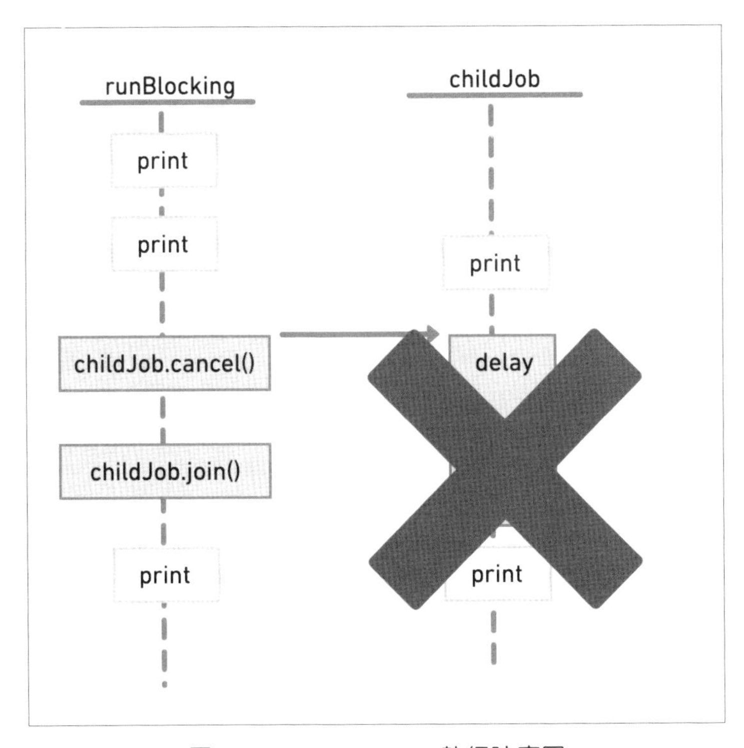

圖 5-3　Example 5-6 執行時序圖

別忘了，在第四章有介紹當使用 **yield()** 函式將執行權讓給其他 Coroutine 的時候，原 Coroutine 就可以被取消。

心智圖

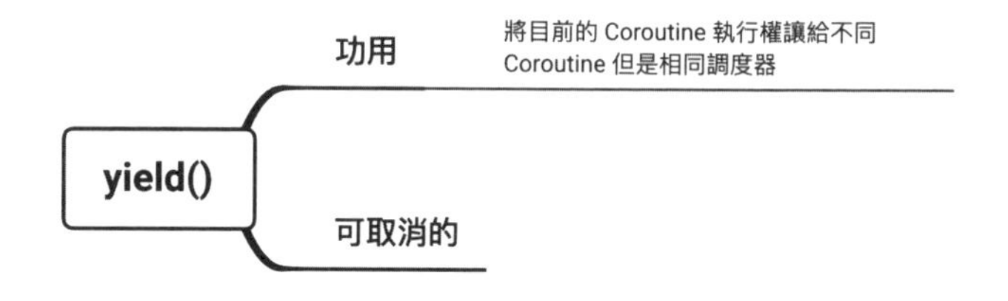

5-3 join 以及 joinAll 函式

5-3-1 join 函式

```
abstract suspend fun join()
```

在前面的範例中，我們多次使用 **join** 函式，**join** 函式是指暫停目前的 Coroutine 直到完成呼叫 **join** 函式的 Job；如果在呼叫 **join** 函式的時候，Job 的狀態是 New，就會同時啟動 Job。

Example 5-7 中，因呼叫 **childJob.join()**，所以 launch 區塊的任務會先執行，輸出的結果就會是先印出 launch 區塊裡的 child job done，接著才是外層的 parent job done。

```
fun main() = runBlocking {
    val childJob = launch { //child job
        delay(100)
        println("child job done")
    }
```

```
    childJob.join()
    println("parent job done")
}
```

Example 5-7，join() 函式

```
child job done
parent job done
```

在 **join()** 函式的內部如果有多個任務，則需要等到所有任務完成才會繼續原本的任務。如果遇到了子任務無法結束，或是花費太久的時間執行，這時候我們可以透過呼叫父 Job 的 cancel() 函式來取消任務。在第四章已有介紹關於取消父 Job，所有的子 Job 都會被取消的相關內容，在這邊就不贅述。

5-3-2 joinAll()

類似 **join** 函式，joinAll 函式讓多個 Job 同時呼叫 **join** 函式，也就是說等效於 **jobs.forEach{it.join()}**。

joinAll() 有兩種形式（拜 Extension Function 所賜）：

vararg

```
suspend fun joinAll(vararg jobs: Job)
```

Collection

```
suspend fun Collection<Job>.joinAll()
```

Example 5-8 展示了如何使用 **joinAll** 函式的方式，我們可以將多個 Job 加入至一個 Collection，如此我們就能藉由呼叫 **joinAll** 函式來同時啟動多個任務。

```
fun main() = runBlocking {
    val jobs = mutableListOf<Job>()

    repeat(10) {
        jobs.add(launch {
            delay(100)
            println("job: $it")
        })
    }

    jobs.joinAll()
    println("done")
}
```

Example 5-8，joinAll()

```
job: 0
job: 1
job: 2
job: 3
job: 4
job: 5
job: 6
job: 7
job: 8
job: 9
done
```

5-3-2-1 joinAll 的例外處理

若我們呼叫 **joinAll** 函式時，若其中的 Job 發生例外或是被取消，會是什麼結果呢？將 Example 5-8 稍作修改一下，加上一個 **withTimeout** 函式，當執行時間超過指定的時間，**withTimeout** 會拋出 **TimeoutCancellationException**。

我們將執行的次數作為乘數，每個 Coroutine 延遲的時間將會以 100 毫秒乘上執行的次數，因為我們在任務外圍使用 **withTimeout(500)** 包起來，所以當我們的執行次數超過五，**withTimeout** 函式就會取消該任務。

```
fun main() = runBlocking {
    val jobs = mutableListOf<Job>()

    repeat(10) {
        jobs.add(launch {
            withTimeout(500) {
                delay(100L * it)
                println("job: $it")
            }
        })
    }
    jobs.joinAll()
    println("done")
}
```

Example 5-9，joinAll() 內有例外

```
job: 0
job: 1
job: 2
job: 3
job: 4
job: 5
done
```

withTimeout 函式在超時的時候，會拋出 **TimeoutCancellationException**，因為這個例外是 Coroutine 特殊的例外，就算沒有特別處理，也不會中斷原本的執行流程。假如出現的是一般的例外，我們該如何處理？可以參考第四章處理例外的部分。Example 5-10 在第六次（it=5）的時候會拋出 Error ("Something incorrect")，使用 CoroutineExceptionHandler 來處理在 Coroutine 內發生的例外。

```
fun main() = runBlocking {
    val jobs = mutableListOf<Job>()
    val ceh = CoroutineExceptionHandler{ _, e -> println(e.message) }
    val coroutineScope = CoroutineScope(ceh)

    repeat(10) {
        jobs.add(coroutineScope.launch {
            delay(100L * it)
            println("job: $it")
            if (it == 5) throw Error("Something incorrect")
        })
    }
    jobs.joinAll()
    println("done")
}
```

Example 5-10，joinAll() 內部發生異常

```
job: 0
job: 1
job: 2
job: 3
job: 4
job: 5
Something incorrect
done
```

因為 **joinAll** 函式的動作只是執行多個 Job，所以當例外發生的時候，同樣也是需要使用 Coroutine 處理例外的方式來處理。

5-3-2-2 呼叫 cancel() 取消尚未完成的任務

呼叫 **joinAll** 函式會阻塞現在的執行緒直到所有任務都完成，如果等待時間過長，我們可以呼叫父 CoroutineJob 的 **cancel** 函式取消剩餘的任務。如 Example 5-11。

```
fun main() = runBlocking {
    val jobs = mutableListOf<Job>()

    repeat(10) { //1
        jobs.add(launch(start = CoroutineStart.LAZY) {
            delay(100L)
            println("job $it")
        })
    }

    val job = launch { // 3
        try { //5
            println("start multiple jobs")
            jobs.joinAll()
            println("done")
        } catch (e: CancellationException) {
            println(e.message)
        }
    }

    delay(500L) // 2
    job.cancel() // 4
    println("done") //6
}
```

Example 5-11，取消 joinAll()

【執行步驟】

1. 將多個延遲啟動（start=CoroutineStart.LAZY）的任務存在一個 List 中，延遲啟動的任務只有在呼叫 **start** 或是 **join** 函式的時候才會開始啟動。
2. 外層的 Coroutine 呼叫 **delay** 函式後，暫停目前執行的 Coroutine 尋找下一個可以執行的 Coroutine。
3. 往內層找尋下一個可執行的 Coroutine，在 launch 內呼叫 **jobs.joinAll()** 執行所有的任務。

4. 外層 Coroutine 的 **delay** 函式結束之後，恢復執行，呼叫 launch 的 **job.cancel()** 取消剩餘的任務。
5. 呼叫 **joinAll** 函式時，若任務被取消，會拋出 CancellationException，可用 try-catch 處理該例外。
6. 執行外層 Coroutine 的 println("done") 印出 done。

```
start multiple jobs
job: 0
job: 1
job: 2
job: 3
done
StandaloneCoroutine was cancelled
job: 4
```

心智圖

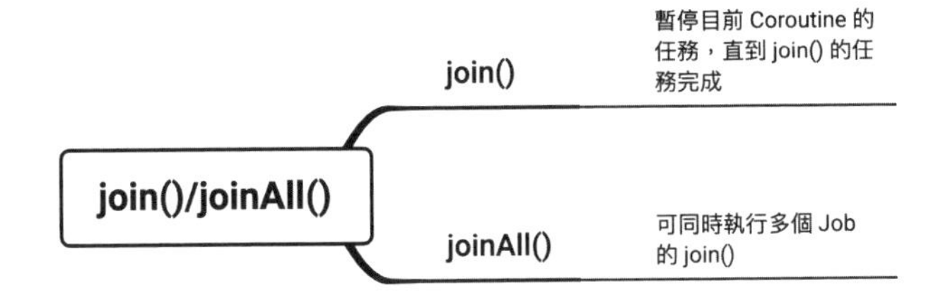

5-4 withContext 函式

```
suspend fun <T> withContext(context: CoroutineContext,
                    block: suspend CoroutineScope.() -> T): T
```

Coroutine 一個特色就是能夠輕鬆地選擇不同的執行緒 / 執行緒池，選擇的執行緒 / 執行緒池只會在建立的 Coroutine 作用域內生效。而經過前面的介紹，我們知道在使用 Coroutine 建構器（launch 或 async）時，可以帶入不同的調度器（Dispatcher），如未帶入，則會繼承父 Coroutine 的調度器。

這是否表示如果我們需要切換執行緒，一定要用 Coroutine 建構器並帶入調度器嗎？有沒有不需要建立 Coroutine 也可以切換執行緒的方法呢？

有的，使用 **withContext** 函式就能達到這個效果，被用 **withContext** 函式包起來的範圍會得到傳入至 **withContext** 內的 CoroutineContext，其中就包括調度器。

```
public suspend fun <T> withContext(
    context: CoroutineContext,
    block: suspend CoroutineScope.() -> T
): T {
    ...
}
```

withContext 函式

在 Example 5-12 中，launch 因為沒有帶入任何的調度器，所以預設是由外層繼承下來，runBlocking 是在主執行緒上執行的，所以 launch 區塊也就會在主執行緒內執行。使用 **withContext(Dispatchers.Default)** 使用預設的調度器，可以發現在 **withContext** 函式裡面的執行緒切換成 DefaultDispatcher，離開 **withContext** 函式區塊後，又切回原本 launch 區塊的執行緒 - 主執行緒。

```
fun main() = runBlocking {
    launch {
        println("child, thread: ${Thread.currentThread().name}")

        withContext(Dispatchers.Default) {
            println("In withContext,
```

```
                    thread: ${Thread.currentThread().name}")
        }
        println("Out withContext,
                    thread: ${Thread.currentThread().name}")
    }

    println("parent, thread: ${Thread.currentThread().name}")
}
```

Example 5-12，withContext

```
parent, thread: main
child, thread: main
In withContext, thread: DefaultDispatcher-worker-1
Out withContext, thread: main
```

在 Android 由於更新畫面是主執行緒的任務之一，我們知道如果要執行耗時任務要在不同的執行緒上執行，使用 **withContext** 函式可以在完成任務的時候，將更新畫面的任務寫在裡面，如此就能夠在同一個 Job 內完成所有的事（執行耗時任務，更新畫面）。或者是將耗時任務使用 withContext 包起來，當 withContext 區塊內的任務完成之後，就會自動切回主執行緒更新畫面。

5-4-1 withContext 是可取消的

在前面的章節提到結構化併發的概念 - 取消父 Job 時，所有子 Job 也會一併被取消。這一點在 withContext 也適用。

如 Example 5-13，當取消 **withContext** 的父 Job 後，**withContext** 也就被取消了，我們同時注意到，當 **withContext** 被取消時，同樣也會拋出 **CancellationException**，當然也能夠使用 try-catch 攔截 **CancellationException**。

```
fun main() = runBlocking {
    val job = launch {
        println("child, thread: ${Thread.currentThread().name}")
        try {
            withContext(Dispatchers.Default) {
                delay(200L)
                println("withContext,
                        thread: ${Thread.currentThread().name}")
            }
        } catch (e: CancellationException) {
            println("withContext has been cancelled")
        }
        println("child job done")
    }
    delay(100L)
    job.cancel()
    job.join()
    println("parent, thread: ${Thread.currentThread().name}")
}
```

Example 5-13，可取消的 withContext

```
child, thread: main
withContext has been cancelled
child job done
parent, thread: main
```

5-4-2 NonCancellable 讓 withContext 不可取消

延續前一小節，當取消父 Job 之後，在該 Job 內的 **withContext** 就會一同被取消。假設我們有一個任務一定要完成，不希望它被取消呢？將 **NonCancellable** 帶入 **withContext** 中。

Example 5-14 將 **NonCancellable** 加入 **withContext** 中，執行後發現，當我們取消父 Coroutine 時，**withContext** 的任務依然可以繼續完成其任務。

```
fun main() = runBlocking {
    val job = launch {
        println("child, thread: ${Thread.currentThread().name}")
        withContext(Dispatchers.Default + NonCancellable) {
            delay(200L)
            println("withContext,
                        thread: ${Thread.currentThread().name}")
        }
        println("child job done")
    }
    delay(100L)
    job.cancel()
    job.join()
    println("parent, thread: ${Thread.currentThread().name}")
}
```

Example 5-14，withContext 加上 NonCancellable

```
child, thread: main
withContext, thread: DefaultDispatcher-worker-1
parent, thread: main
```

還記得我們在 Example 5-13 使用 try-catch 去攔截 **CancellationException** 嗎？因為 **withContext** 被取消，所以會拋出這個例外，沒錯吧。如果我們同樣將 try-catch 包在具有 **NonCancellable** 的 **withContext**，那麼會發生什麼事呢？

從 Example 5-15 的結果可以發現，加上 **NonCancellable** 的 **withContext** 也會拋出 **CancellationException**，不過它會先完成任務才會拋出例外。換句話說，加上 **NonCancellable** 就能夠保證在區塊內的任務能夠執行完畢才結束。

```
fun main() = runBlocking {
    val job = launch {
        println("child, thread: ${Thread.currentThread().name}")
```

```
        try {
            withContext(Dispatchers.Default + NonCancellable) {
                delay(200L)
                println("withContext,
                         thread: ${Thread.currentThread().name}")
            }
        } catch (e: CancellationException) {
            println("withContext has been cancelled")
        }
        println("child job done")
    }
    delay(100L)
    job.cancel()
    job.join()
    println("parent, thread: ${Thread.currentThread().name}")
}
```

Example 5-15，不可取消的 withContext()

```
child, thread: main
withContext, thread: DefaultDispatcher-worker-2
withContext has been cancelled
child job done
parent, thread: main
```

心智圖

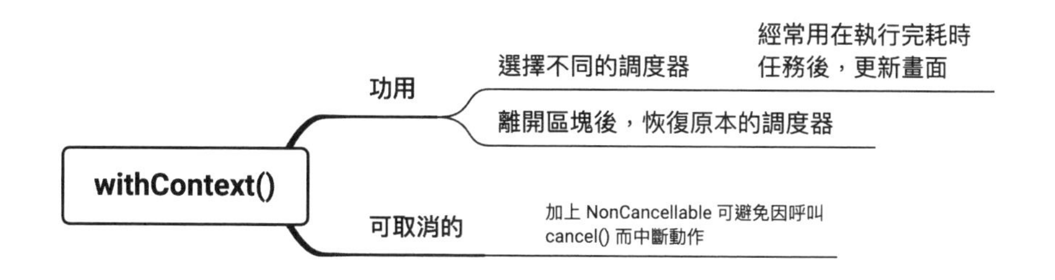

5-5 withTimeout 與 withTimeoutOrNull

Example 5-10，使用 **withTimeout** 函式讓超過執行時間的任務拋出例外，函式的簽名如下，第一個參數是時間，第二個參數則是執行的區塊：

```
suspend fun <T> withTimeout(timeMillis: Long, block: suspend
CoroutineScope.() -> T): T
```

withTimeout 要如何使用呢？在 Example 5-16 內使用 **withTimeout(200L)** 限制區塊內的任務不能超過 200 毫秒。不過 **withTimeout** 內的任務是重複執行十次列印任務，並在每次執行完成之後就會呼叫 **delay(100L)** 暫停此 Coroutine 100 毫秒；換句話說，如果完整執行這十次任務，就必須花費 100 * 10 = 1000 毫秒，所以內部的任務執行時間會超過 **withTimeout** 所限制的時間。

執行這段程式碼後，只會有兩行文字被印出，剩下的由於已經超過執行時間，被 **withTimeout** 函式取消，而且在 **withTimeout** 區塊最後的 withTimeout end 也沒有印出來。

```
fun main() = runBlocking {
    val job = launch {
        println("job start")
        withTimeout(200L) {
            println("withTimeout start")
            repeat(10) {
                println("delay $it times")
                delay(100L)
            }
            println("withTimeout end")
        }
        println("job done")
    }
```

```
    job.join()
    println("done")
}
```

Example 5-16，withTimeout

```
job start
withTimeout start
delay 0 times
delay 1 times
done
```

5-5-1 TimeoutCancellationException

當 withTimeout 設定的時間到了之後，會拋出 **TimeoutCancellationException**，由於 TimeoutCancellationException 是 CancellationException 的子類別，所以這個例外會被 Coroutine 處理，換句話說，我們不處理這個例外也不會影響執行流程。

但是如果我們真的需要處理這個例外，同樣可以使用 try-catch 來攔截，如 Example 5-17，使用 try-catch 包住 Example 5-16 的 withTimeout：

```
fun main() = runBlocking {
    val job = launch {
        println("job start")
        try {
            withTimeout(200L) {
                println("withTimeout start")
                repeat(10) {
                    println("delay $it times")
                    delay(100L)
                }
                println("withTimeout end")
            }
```

```
        } catch (e: TimeoutCancellationException) {
            println(e.message)
        }
        println("job done")
    }

    job.join()
    println("done")
}
```

Example 5-17，withTimeout 會拋出 TimeoutCancellationException

```
job start
withTimeout start
delay 0 times
delay 1 times
Timed out waiting for 200 ms
job done
done
```

5-5-2 withTimeout 是可取消的

如同 **withContext**，**withTimeout** 函式也同樣是可以取消的，Example 5-18 移除 Example 5-16 的 **join** 函式，也就是說，我們不會先執行 launch 內的區塊，而是會按照原本的執行流程來執行：外層的 Coroutine 呼叫 delay(100) 將 Coroutine 暫停 100 毫秒，之後 Coroutine 的執行權就切換到 launch 內部，並開始執行 withTimeout 內的任務，直到外層的 Coroutine 的 **delay** 函式時間到了為止，以 Example 5-18 為例，外層 Coroutine 暫停的期間，內部的任務只會執行一次，接著就會把執行權交還給外層的 Coroutine，並印出 done，但是在這之後，因為 **withTimeout** 內部的任務並沒有結束，所以會繼續執行，直到超出 **withTimeout** 設定的時間。

```
fun main() = runBlocking {
    launch {
        println("job start")
        try {
            withTimeout(200L) {
                println("withTimeout start")
                repeat(10) {
                    println("delay $it times")
                    delay(100L)
                }
                println("withTimeout end")
            }
        } catch (e: TimeoutCancellationException) {
            println(e.message)
        }
        println("job done")
    }

    delay(100L)
    println("done")
}
```

Example 5-18，withTimeout

從輸出的訊息發現，在印出 done 之後，又在多印 delay 1 times，之後就超出 **withTimeout** 設定的時間，所以全部的任務就結束了。

```
job start
withTimeout start
delay 0 times
done
delay 1 times
Timed out waiting for 200 ms
job done
```

因為 **withTimeout** 是可以被取消的，所以當我們呼叫父 Coroutine 的 **job.cancel()**，連帶著內部的 **withTimeout** 也會跟著被取消，如 Example 5-19：

```
fun main() = runBlocking {
    val job = launch {
        println("job start")
        try {
            withTimeout(200L) {
                println("withTimeout start")
                repeat(10) {
                    println("delay $it times")
                    delay(100L)
                }
                println("withTimeout end")
            }
        } catch (e: TimeoutCancellationException) {
            println(e.message)
        }
        println("job done")
    }

    delay(100L)
    job.cancel()
    println("done")
}
```

Example 5-19，withTimeout 是可取消的

```
job start
withTimeout start
delay 0 times
done
```

5-5-3 withTimeoutOrNull 函式

```
suspend fun <T> withTimeoutOrNull(timeMillis: Long, block:
suspend CoroutineScope.() -> T): T?
```

使用 **withTimeout** 函式的時候，可以在最後把結果回傳，但如果任務執行超過 **withTimeout** 設定的時間就不會有值回傳（因為拋出了 TimeoutCancellationException）。假設我們希望根據回傳值來處理接下來的動作，可以使用 **withTimeoutOrNull**，它跟 **withTimeout** 非常的像，只不過在超時的時候前者是拋出 **TimeoutCancellationException**，而後者則是回傳 **null**。Example 5-20，因 **withTimeoutOrNull** 內部的任務只需要 100 毫秒就能完成，所以並不會超過設定的 200 毫秒，於是內部的任務就能夠正常的執行完成：

```
fun main() = runBlocking {
    val job = launch {
        println("job start")

        val withTimeoutResult = withTimeoutOrNull(200L) {
            println("withTimeout start")
            repeat(10) {
                println("delay $it times")
                delay(10L)
            }
            "ok"
        }
        println("job done: $withTimeoutResult")
    }

    job.join()
    println("done")
}
```

Example 5-20，withTimeoutOrNull 的正常回傳值

withTimeoutOrNull 內部最後一行為該區塊的回傳值，如果正常執行沒有超時，那麼就會將此值回傳（**return@withTimeoutOrNull "ok"** 也有相同結果），從結果可以發現，Example 5-20 內部的任務可以順利的完成，並且印出回傳值 ok。

```
job start
withTimeout start
delay 0 times
delay 1 times
delay 2 times
delay 3 times
delay 4 times
delay 5 times
delay 6 times
delay 7 times
delay 8 times
delay 9 times
job done: ok
done
```

將超時值降為 20 毫秒

若將 **withTimeoutOrNull(200L)** 改成 **withTimeoutOrNull(20L)** 後，**withTimeoutOrNull** 內部的任務就無法順利執行 10 次，我們看看結果會是如何？

```
fun main() = runBlocking {
    val job = launch {
        println("job start")

        val withTimeoutResult = withTimeoutOrNull(20L) {
            println("withTimeout start")
            repeat(10) {
                println("delay $it times")
                delay(10L)
```

```
            }
            "ok"
        }
        println("job done: $withTimeoutResult")
    }

    job.join()
    println("done")
}
```

Example 5-21，withTimeoutOrNull 超時

因為 **withTimeoutOrNull(20L)** 限制了執行時間為 20 毫秒，也就是說在區塊內的任務只會執行兩次，接著就超時了。從結果得知，當我們使用 **withTimeoutOrNull** 的時候，如果任務執行的時間超出限制的時間，那就會回傳 null。

```
job start
withTimeout start
delay 0 times
delay 1 times
job done: null
done
```

5-5-4 withTimeout 與 withTimeoutOrNull 的選擇

如果就以限制執行時間來看的話，這兩個 suspend 函式都能滿足我們的需求，差別在於我們有沒有需要執行的結果，假設需要回傳結果，**withTimeoutOrNull** 函式會比較適合，因為可以使用如 **?.** 的方式來處理取得的結果。反之，如果我們沒有處理結果的需求，其實使用 **withTimeout** 函式就可以了。

心智圖

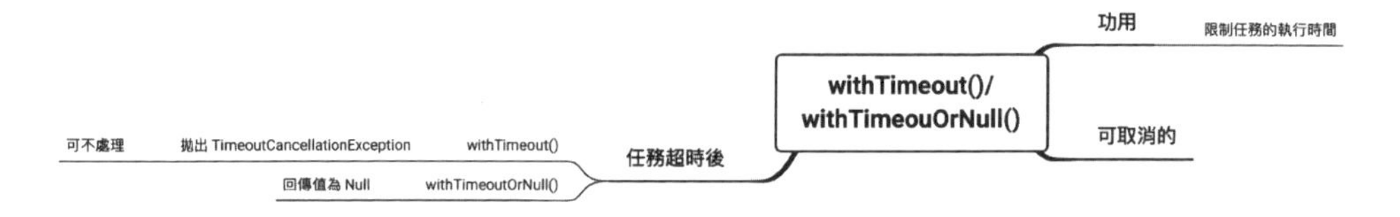

小結

在本節中介紹了五種不同用途的 suspend 函式，根據不同需求選用不同的 suspend 函式，需要特別注意的是，suspend 函式只能在 Coroutine 內或是其他的 suspend 函式內呼叫。

- delay()：用來暫停 Coroutine。
- yield()：將目前 Coroutine 的執行權讓給其他 Coroutine。
- join() 及 joinAll()：將不同 Coroutine 在目前的 Coroutine 中執行阻塞式呼叫。
- withContext()：提供一個區塊，這個區塊能包含一個調度器，如此就能夠在一個 Coroutine 區塊中，輕易的切換執行緒。
- withTimeout() 及 withTimeoutOrNull()：限制區塊的執行時間。

Chapter

6

深入理解 Coroutine

本章目標

- 了解 CoroutineScope 的用途
- 了解 CoroutineContext 的用途
- 不同調度器的功用

在前面的章節，我們知道如何使用 Coroutine 建構器（launch、async）建立一個 Coroutine 區塊，在呼叫 **launch** 或 **async** 時，可以帶入不同的調度器（Dispatcher）選擇不同的執行緒、執行緒池。除了調度器之外，我們也可以將 Job 傳入建構器中，如此我們就能夠在不同的任務中使用相同的 Job 來控制其生命週期。那麼為什麼調度器、Job 都能夠傳入建構器中呢？

6-1 CoroutineScope

在前幾章的範例中，我們都是在 **main()** 內使用 **runBlocking** 來啟動 Coroutine。而 **launch** 以及 **async** 若沒有在 **runBlocking** 中呼叫，就會出現錯誤訊息 **Unresolved reference: launch**。

```
fun main() {
    launch { // compile error
        println("run launch block")
    }
}
```

Example 6-1，在 runBlocking 以外無法使用 launch

```
fun main() {
    launch { // compile error
        p  Unresolved reference: launch
    }      Create function 'launch' ⌥⇧↵   More actions... ⌥↵
}
```

圖 6-1　launch 未在 runBlocking 內使用

為什麼 launch 一定要在 runBlocking 裡面才能使用呢？

首先，我們先來看一下 **runBlocking** 的函式簽名：

```
public actual fun <T> runBlocking(
    context: CoroutineContext,
    block: suspend CoroutineScope.() -> T
): T {
    ...
}
```

在 **runBlocking** 函式內有兩個參數，**CoroutineContext** 以及 **suspend CoroutineScope.() -> T**。

- **CoroutineContext**：將 Coroutine 的內容存在 Context 中，並傳遞給子 Coroutine。
- **suspend CoroutineScope.() -> T**：**CoroutineScope** 的擴充函式，且是一個 **suspend** 函式。

在 Kotlin 內，假如函式的最後一個參數是函數型別（Function Type），就能夠使用 lambda 表達式來呈現。所以 **runBlocking** 的大括弧就代表了 **suspend CoroutineScope.() -> T**。

所以為什麼 **launch** 以及 **async** 都能在 **runBlocking** 裡執行呢？因為它們都是 **CoroutineScope** 的擴充函式。

launch

```
public fun CoroutineScope.launch(
    context: CoroutineContext = EmptyCoroutineContext,
    start: CoroutineStart = CoroutineStart.DEFAULT,
    block: suspend CoroutineScope.() -> Unit
): Job{
    ...
}
```

async

```
public fun <T> CoroutineScope.async(
    context: CoroutineContext = EmptyCoroutineContext,
    start: CoroutineStart = CoroutineStart.DEFAULT,
    block: suspend CoroutineScope.() -> T
): Deferred<T> {
    ...
}
```

從 **launch** 以及 **async** 的函式簽名我們可以發現，最後一個參數皆為 **CoroutineScope**，所以能在 **launch** 及 **async** 之中建立新的 **CoroutineScope**，建立巢狀的 Coroutine。

等等，那麼 **CoroutineScope** 究竟是什麼？它是一個只包含 **CoroutineContext** 的介面；換句話說，它其實只是一個封裝了 **CoroutineContext** 的容器，當使用實作、擴展 **CoroutineScope** 的物件，就會包含 CoroutineContext，而 CoroutineContext 就會藉由 **CoroutineScope** 傳遞給其他的建構器。也就是說，在這樣的設計之下，因為 **CoroutineContext** 被悄悄的包進 **CoroutineScope** 內，若沒有傳入其它的 CoroutineContext，子 Coroutine 就會包含了相同的 CoroutineContext，如此就能夠輕鬆的實現結構化併發。

```
public interface CoroutineScope {
    public val coroutineContext: CoroutineContext
}
```

CoroutineScope 介面

心智圖

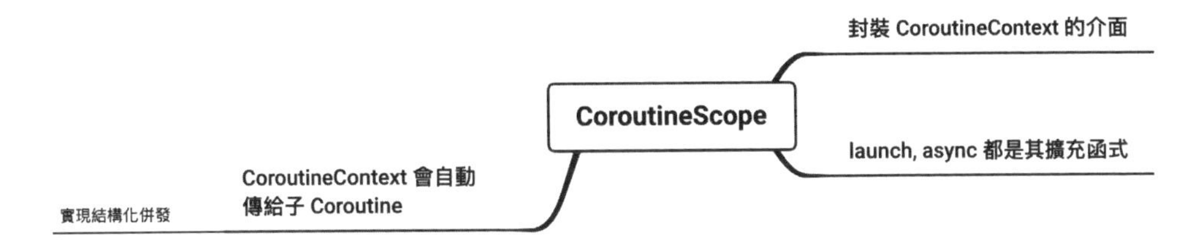

6-2 CoroutineContext

`CoroutineScope` 封裝了 CoroutineContext，CoroutineContext 又是什麼東西呢？Context 對於 Android 的開發者一定不陌生，它可以看作是貫穿整個 App 的內容，透過 Context 能取得全域的內容。在 Coroutine 中，CoroutineContext 可以看作是相似的概念，而這邊的全域內容就是前面提到的 Job 以及調度器。

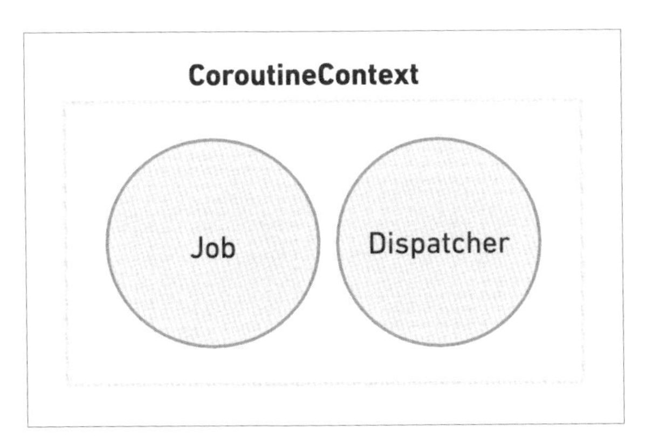

圖 6-2　CoroutineContext

回想一下前面的內容，當我們使用 launch 建立一個 Coroutine 時，如果沒有另外提供調度器，那麼就會使用父 Coroutine 的調度器，如 Example 6-2，**`launch`** 內部與外部都是相同的主執行緒，那是因為 **`runBlocking`** 預設是在主執行緒上執行，所以當子 Coroutine 沒有提供不同的調度器時，就會沿用父 Coroutine 的調度器。

```
fun main() = runBlocking {
    launch {
        println("child coroutine: ${Thread.currentThread().name}")
    }
    println("parent coroutine: ${Thread.currentThread().name}")
}
```

Example 6-2，子 CoroutineScope 繼承父 CoroutineScope 的 CoroutineContext

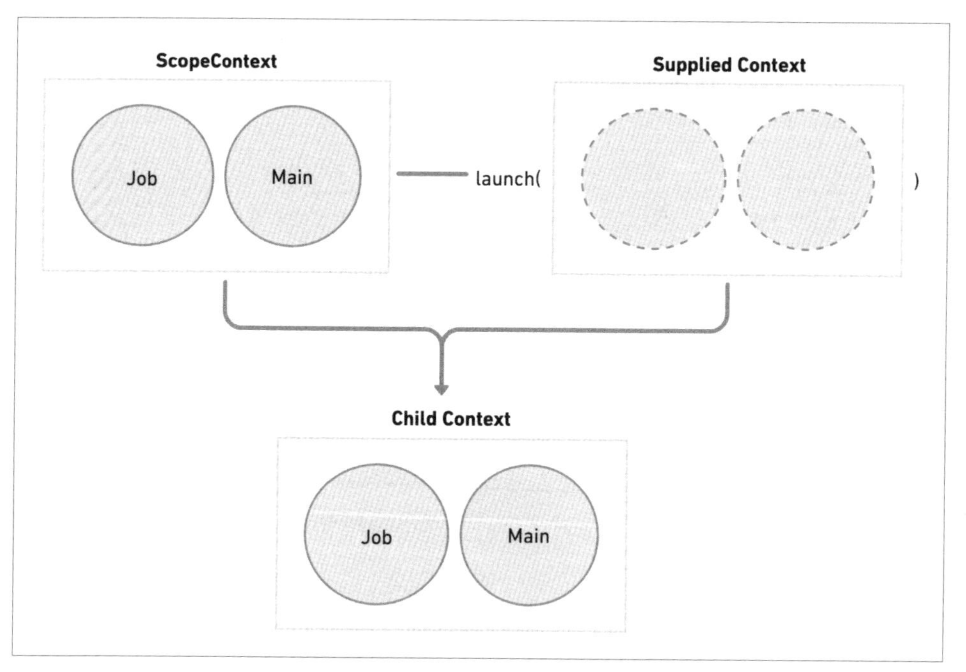

圖 6-3　launch 繼承 runBlocking 的 CoroutineContext

從輸出結果可以看出，**launch** 的執行緒並沒有改變。

```
parent coroutine: main
child coroutine: main
```

若把不同的調度器傳入 **launch** 內，就會取代父 Coroutine 提供的調度器。如 Example 6-3 示範的，將 **Dispatchers.Default** 傳入 **launch** 中，如此在 **launch** 內的調度器就由原本父 Coroutine 的 **Dispatchers.Main** 改為 **Dispatchers.Default**。

```
fun main() = runBlocking {
    launch(Dispatchers.Default) {
        println("child coroutine: ${Thread.currentThread().name}")
    }
    println("parent coroutine: ${Thread.currentThread().name}")
}
```

Example 6-3，子 Coroutine 提供調度器取代父 Coroutine 提供的調度器

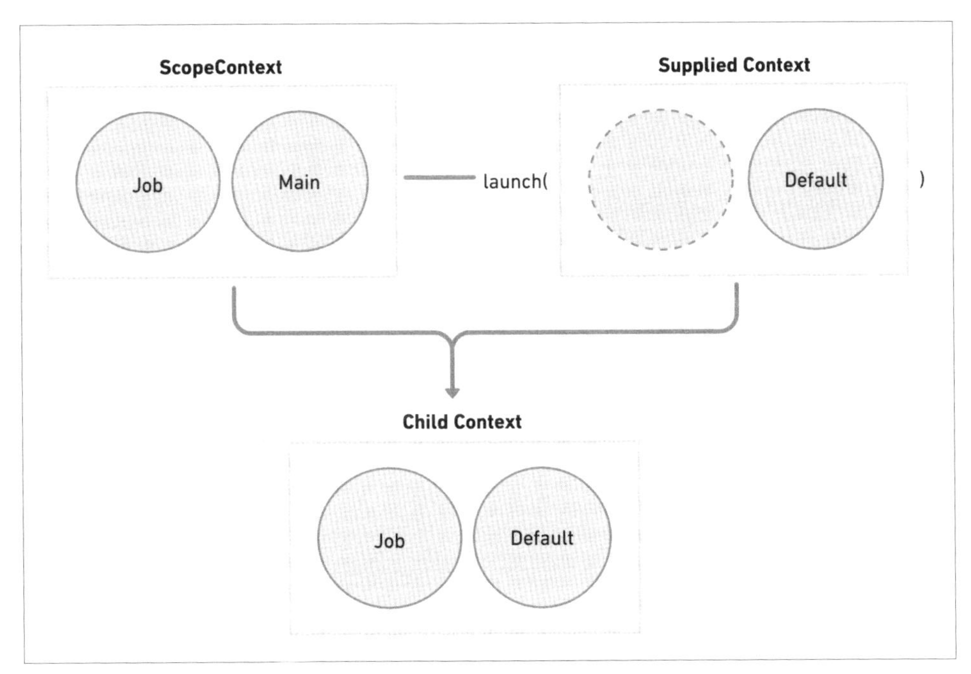

圖 6-4　子 Coroutine 提供調度器取代父 Coroutine 提供的調度器

```
parent coroutine: main
child coroutine: DefaultDispatcher-worker-1
```

假如在 **launch** 內建立另一個 Coroutine，那麼它的調度器會是什麼呢？其實答案已經在前面公布了，因為 **CoroutineScope** 的 CoroutineContext 會傳遞給子 Coroutine，也就是說，在子 Coroutine 沒有提供任何調度器的情況之下，它將會繼承上一層父 Coroutine 的 CoroutineContext。Example 6-4 修改 Example 6-3，在 **launch** 內部再使用 **launch** 建立 Coroutine。

```
fun main() = runBlocking {
    launch(Dispatchers.Default) {
        println("child coroutine: ${Thread.currentThread().name}")
        launch {
            println("child coroutine2:
                                   ${Thread.currentThread().name}")
        }
    }
    println("parent coroutine: ${Thread.currentThread().name}")
}
```

Example 6-4，子 Coroutine 繼承父 Coroutine 的 CoroutineContext 2

```
parent coroutine: main
child coroutine: DefaultDispatcher-worker-1
child coroutine2: DefaultDispatcher-worker-2
```

同樣的道理，Job 也會如調度器一樣的傳遞方式，所以當取消父 Coroutine 時，所有子 Coroutine 因有相同的 Job，也會一併被取消。

Example 6-5，將 **Job()** 帶入 **CoroutineScope** 建構函式中，並在這個 **CoroutineScope** 內建立巢狀的 Coroutine，使用 **delay** 函式暫停 Coroutine，**runBlocking** 層暫停 500 毫秒，而內層的 **launch** 分別暫停了 200 毫秒和 800 毫秒，當 **runBlocking** 恢復執行時，呼叫 **CoroutineScope** 的 **delay**

函式取消未完成的任務：another job。當取消父 Coroutine 時，所有未完成的子 Coroutine 也會一併被取消。

```
fun main() = runBlocking {
    val coroutineScope = CoroutineScope(Job())
    coroutineScope.launch {
        delay(200L)
        println("run first job")
        launch { //another job
            try {
                println("run another job")
                delay(800L)
            } catch (e: CancellationException) {
                println(e.message)
            }
        }
    }

    delay(500L)
    coroutineScope.cancel()
    println("done")
}
```

Example 6-5，取消 CoroutineScope

```
run first job
run another job
done
Job was cancelled
```

將 Example 6-5 稍微修改一下，將第二個 **`launch`** 使用新建的 Job() 實例帶入。執行後我們可以發現，雖然 another job 一樣也被執行了，但是它卻未被取消。原因就在於它的 Job 與父 Coroutine 的不同，所以雖然取消了父 Coroutine，但子 Coroutine 卻沒有取消。

```
fun main() = runBlocking {
    val coroutineScope = CoroutineScope(Job())
    coroutineScope.launch {
        delay(200L)
        println("run first job")
        launch(Job()) {
            try {
                println("another job")
                delay(800L)
            } catch (e: CancellationException) {
                println(e.message)
            }
        }
    }

    delay(500L)
    coroutineScope.cancel()
    println("done")
}
```

Example 6-6，使用不同的 Job 建立 Coroutine

```
run first job
another job
done
```

所以，使用 Job 要特別小心，當父子 Coroutine 的 Job 不同時，就會造成無法取消的情況。

心智圖

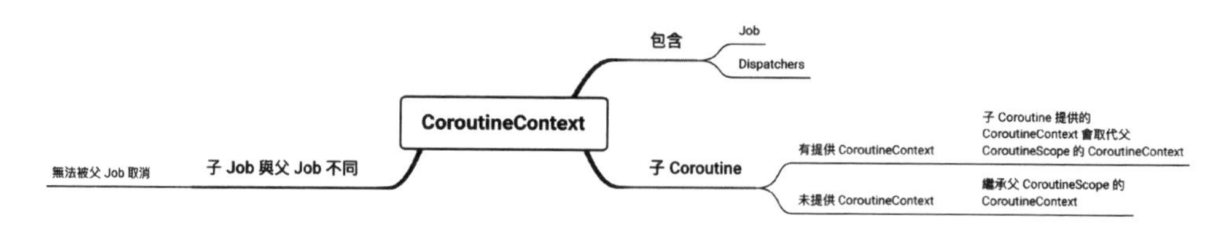

6-3 調度器

Coroutine 一個重要的特性就是可以輕易的切換執行緒。Coroutine 是使用調度器來選擇不同的執行緒 / 執行緒池，而不是讓使用者自行建立與使用執行緒 / 執行緒池，會這麼做的原因有兩點：

1. 建立執行緒是一項耗費資源的事，預先建立執行緒 / 執行緒池並在需要時直接取用，因執行緒池中會有多個執行緒等待執行，當任務丟進執行緒池中執行時，會選擇適當的執行緒來執行。避免在短時間內建立及銷毀執行緒，造成系統的資源浪費，影響整體效能。
2. 將應用與執行緒切開，在不同的系統環境之下，雖然調度器名稱相同，Coroutine 會依照平台的特性選擇建立符合需求的執行緒 / 執行緒池。如此 Coroutine 就能夠不與特定的系統綁定，進而達成跨平台。

Kotlin Coroutine 提供了四種不同的調度器，我們可以依照需求選擇適當的調度器來使用，底下介紹這四種調度器：

1. `Dispatchers.Main`
2. `Dispatchers.Default`
3. `Dispatchers.IO`
4. `Dispatchers.Unconfined`

6-3-1 Dispatchers.Main

`Dispatchers.Main` 是一個特殊的調度器，一般是執行在主執行緒或 UI 執行緒上，通常是單一執行緒。

不同平台上，**Dispatchers.Main** 會根據不同平台來選擇相對應的執行緒。如 Android 會使用主執行緒，而 JS 及 Native 等於預設調度器。

> *On JS and Native it is equivalent of Default dispatcher. On JVM it is either Android main thread dispatcher, JavaFx or Swing EDT dispatcher. It is chosen by ServiceLoader.*
>
> *@JvmStatic*
>
> *public actual val Main: MainCoroutineDispatcher get() = MainDispatcherLoader.dispatcher*

所以使用的時候需要知道是在哪個平台，假設是 Android，那麼就要在 dependencies 加上 kotlinx-coroutines-android；若是 JavaFx，則必須加上 kotlinx-coroutines-javafx；Swing EDT 則是使用 kotlinx-coroutines-swing，最後需要確保版本與 kotlinx-coroutines-core 的相同。

由於耗時任務一般都會使用主執行緒以外的執行緒來執行，在任務完成之後，有時會有更新畫面的需求，不過若在主執行緒以外的執行緒更新畫面，有些平台如 Android 會拋出例外，所以當完成耗時任務後，需要把現在使用的執行緒切回主執行緒上，才能更新畫面。

在 5-4 節介紹 **withContext** 時，有提到如果在主執行緒以外的任務已結束，可以使用 **withContext** 搭配 **Dispatchers.Main** 將目前使用的執行緒切回主執行緒下更新畫面，如下 Pseudo Code：

```
launch(Dispatchers.Default) {
    doSomething()

    withContext(Dispatchers.Main){
        updateUI()
    }
}
```

Dispatchers.Main 是執行在主執行緒上的調度器，當我們執行非同步任務時，我們需要的是主執行緒以外的執行緒，在這個情況下，可以使用 Coroutine 提供的另外兩個調度器：

- **Dispatchers.Default**
- **Dispatchers.IO**

6-3-2　Dispatchers.Default

Dispatchers.Default 是設計用來處理 CPU 密集運作的情況，是使用已經建立好的的執行緒池來執行。預設執行緒的數量會等於 CPU 內核的數量，最少會是 2。

使用 Coroutine 建構器時，可以直接帶入 **Dispatchers.Default**，將建立的 Coroutine 執行在預設調度器中。

```
fun main() = runBlocking {
    launch(Dispatchers.Default) {
        println("launch run in ${Thread.currentThread().name}")
    }
    println("start: ${Thread.currentThread().name}")

}
```

Example 6-7，將 Dispatchers.Default 帶入 launch 建立 Coroutine

```
start: main
launch run in DefaultDispatcher-worker-1
```

或是建立 **CoroutineScope** 時，將 **Dispatchers.Default** 帶入，

```
fun main() = runBlocking {
    val scope = CoroutineScope(Dispatchers.Default)
```

```
    scope.launch {
        println("launch run in ${Thread.currentThread().name}")
    }
    println("start: ${Thread.currentThread().name}")
}
```

Example 6-8，將 Dispatchers.Default 帶入 CoroutineScope 建立 CoroutineScope

```
start: main
launch run in DefaultDispatcher-worker-1
```

執行耗時任務時，會自動在執行緒池中挑選可用的執行緒。Example 6-9 重複執行十次耗時任務：建立一個大小為 2000 的 List，將偶數過濾出，再將 List 重新排列。

在 **`Dispatcher.Default`** 內的任務，會使用不同的執行緒來完成任務，而能夠選擇的執行緒的數量與 CPU 的核心有關係，筆者的電腦是 8 核的電腦，在跑這段程式碼時，就有機會用到八個不同的執行緒。如下方的程式結果：

```
import kotlinx.coroutines.*
import kotlin.random.*
import kotlin.system.*

fun main() = runBlocking {
    val scope = CoroutineScope(Dispatchers.Default)

    println("start: ${Thread.currentThread().name}")
    val time = measureTimeMillis {
        scope.launch {
            repeat(10) {
                launch {
                    List(2000) { Random.nextInt() }
                        .filter { (it % 2) == 0 }
                        .shuffled()
                    println("($it): run in
```

```
                                            ${Thread.currentThread().name}")
                    }
                }
            }.join()
        }

    println("total time: $time ms")
}
```

Example 6-9，Dispatchers.Default 執行 CPU 密集的工作

```
start: main
(4): run in DefaultDispatcher-worker-6
(2): run in DefaultDispatcher-worker-3
(1): run in DefaultDispatcher-worker-4
(3): run in DefaultDispatcher-worker-5
(5): run in DefaultDispatcher-worker-7
(0): run in DefaultDispatcher-worker-2
(6): run in DefaultDispatcher-worker-8
(9): run in DefaultDispatcher-worker-1
(7): run in DefaultDispatcher-worker-3
(8): run in DefaultDispatcher-worker-6
total time: 86 ms
```

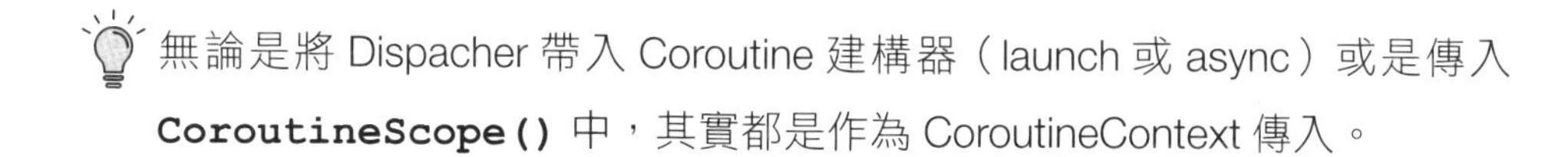
無論是將 Dispacher 帶入 Coroutine 建構器（launch 或 async）或是傳入 **CoroutineScope()** 中，其實都是作為 CoroutineContext 傳入。

6-3-3 Dispatchers.IO

如同它的命名，**Dispatchers.IO** 設計用來將阻塞 IO 任務（如硬碟、網路 IO）放至執行緒池中執行。與 **Dispatchers.Default** 一樣都是使用預先建立好的執行緒池來執行。但是和 **Dispatchers.Default** 最大的不同就在於建立的執行緒數量，**Dispatchers.IO** 至少會建立 64 個執行緒，不過若是 CPU 的核心數量大於 64 時，則是以 CPU 核心數量為建立執行緒數量的依據。

> *The number of threads used by tasks in this dispatcher is limited by the value of "kotlinx.coroutines.io.parallelism" (IO_PARALLELISM_PROPERTY_NAME) system property.It defaults to the limit of 64 threads or the number of cores (whichever is larger).*

如只考慮執行緒的數量，以筆者的電腦是 8 核的 CPU 來討論，選擇 **Dispatchers.Default** 其執行緒池就會包含 8 個執行緒；反之，選擇 **Dispatchers.IO** 則是會包含 64 個執行緒。

雖然 **Dispatchers.Default** 以及 **Dispatchers.IO** 分別會建立 8 個與 64 個執行緒，不過其實這兩個調度器的執行緒池是共享的，共享執行緒池也就是共享執行緒，當我們由 **Dispatchers.Default** 切換至 **Dispatchers.IO**，有可能不需要切換執行緒，不過如此一來使用的執行緒數量就由 **Dispatchers.IO** 所控制。

使用 **Dispatchers.IO** 時，也可以透過 **limitedParallelism** 函式來限制使用的執行緒數量，當然這個數字可以比 64 大或是小。

我們可以依據不同的目的來給予適當的數量，如官網提供的範例，我們可以給 MySqlDb 的連線 100 個執行緒，給 MongoDb 的連線 60 個執行緒。

```
// 100 threads for MySQL connection
val myMysqlDbDispatcher = Dispatchers.IO.limitedParallelism(100)
// 60 threads for MongoDB connection
val myMongoDbDispatcher = Dispatchers.IO.limitedParallelism(60)
```

在峰值負載期間，系統有可能會使用 64+100+60 個執行緒用於 IO 阻塞任務。不過在穩定狀態，只有少數的執行緒會在 **myMysqlDbDispatcher** 與 **myMongoDbDispatcher** 之間共享。

6-3-4 Dispatchers.Unconfined

Unconfined 的意思是不受限制的，什麼是不受限制的調度器呢？我們看一下 Example 6-10：

```
fun main() = runBlocking {
    val job = launch(Dispatchers.Unconfined) {
        println("Before delay, thread:
                                        ${Thread.currentThread().name}")
        delay(500)
        println("After delay, thread:
                                        ${Thread.currentThread().name}")
    }

    job.join()
    println("done")
}
```

Example 6-10，Dispatchers.Unconfined

```
Before delay, thread: main
After delay, thread: kotlinx.coroutines.DefaultExecutor
done
```

在 Example 6-10 中，我們使用 **`launch`** 並帶入 **`Dispatcher.Unconfined`** 調度器。在 **`launch`** 裡面分別在 **`delay`** 函式的前後都加上 log，看看它使用的執行緒為何？

程式一開始是在主執行緒上執行，因為 **`runBlocking`** 是執行在主執行緒上，執行 **`delay(500)`** 暫停 Coroutine，500 毫秒暫停時間結束之後，自動切換至 **`kotlinx.coroutines.DefaultExecutor`**。

可以發現，在 **`Dispatchers.Unconfined`** 並不會使用固定的執行緒。

那麼，Dispatchers.Unconfined 什麼時候會需要用到呢？ StackOverflow 裡有一篇是這麼說的：

> **When should I use 'Dispatchers.Unconfined' vs 'EmptyCoroutineContext'?**
>
> *It executes coroutine immediately on the current thread and later resumes it in whatever thread called resume. It is usually a good fit for things like intercepting regular non-suspending API or invoking coroutine-related code from blocking world callbacks.*

 通常用在攔截在非 suspend API 或從阻塞的世界中呼叫 Coroutine 相關的程式。

6-3-4-1 事件循環（Event Loop）

我們可以使用 **withContext(Dispatchers.Unconfined)** 將目前的調度器切換至無限制的調度器，在這 Coroutine 作用域內，一定會將任務執行完畢才會離開。Example 6-11 含有一個巢狀的 **Dispatchers.Unconfined**，無論我們執行多少次，最後的 Done 都會在最後才列印出來，前面的文字 A, B, C 則是有可能會印出 A, C, B。表示在 **withContext(Dispatchers.Unconfined)** 裡的任務會執行完才把 Coroutine 的使用權交出來。

```
fun main() = runBlocking {
    withContext(Dispatchers.Unconfined) {
        println("A: ${Thread.currentThread().name}")
        withContext(Dispatchers.Unconfined) {
            println("B: ${Thread.currentThread().name}")
        }
        println("C: ${Thread.currentThread().name}")
    }
    println("Done")
}
```

Example 6-11，巢狀 Dispatchers.Unconfined

```
A: main
B: main
C: main
Done
```

從 Example 6-11 的結果得知，外層的 **withContext(Dispatchers.Unconfined)** 繼承父 Coroutine 的執行緒，所以會執行在主執行緒上，而在內層第一個的 **withContext(Dispatchers.Unconfined)** 由於沒有需要切換執行緒，所以會維持原本的執行緒。

若我們在第一層 **withContext(Dispatchers.Unconfined)** 加上 **delay(100)**，如 Example 6-12，那麼結果會是怎麼樣呢？

可以發現 B 與 C 的執行緒已經是 **kotlinx.coroutines.DefaultExecutor**，不過縱使切換成不同的執行緒，其執行的順序依然如 Example 6-11 一樣 - 全部執行完成之後才會把 Coroutine 的執行權交出來。

```
fun main() = runBlocking {
    withContext(Dispatchers.Unconfined) {
        println("A: ${Thread.currentThread().name}")
        delay(100)
        withContext(Dispatchers.Unconfined) {
            println("B: ${Thread.currentThread().name}")
        }
        println("C: ${Thread.currentThread().name}")
    }
    println("Done")
}
```

Example 6-12，巢狀 Dispatchers.Unconfined 2

```
A: main
B: kotlinx.coroutines.DefaultExecutor
C: kotlinx.coroutines.DefaultExecutor
Done
```

心智圖

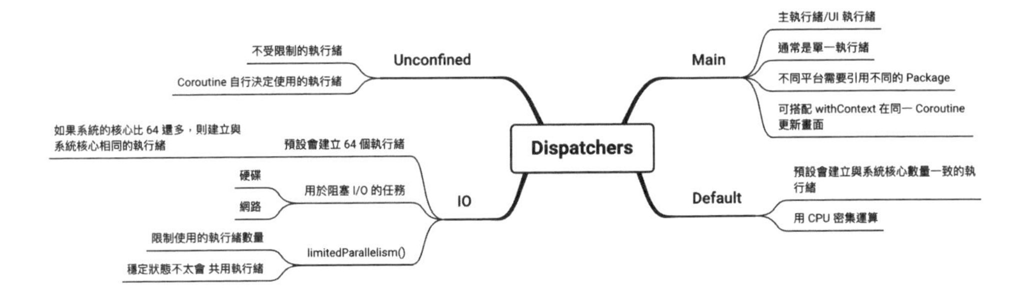

小結

Coroutine 之所以能夠實現結構化併發，原因在於他的架構，每一個 **CoroutineScope** 都包含 CoroutineContext，當我們在 CoroutineScope 內建立新的 Coroutine 時，若沒有帶入 CoroutineContext，那麼就會使用父 Coroutine 的 CoroutineContext，也就是說，不需要刻意把 Context 當作參數，它就自動被 CoroutineScope 包在裡面傳給子 Coroutine。這麼做有什麼好處呢？在前一章知道，Job 包含 Coroutine 的生命週期，而 CoroutineContext 內就包含著 Job。當子 Coroutine 藉由繼承父 Coroutine 而取得其 Context 時，連帶 Job 也一同被傳入，所以取消父 Coroutine，也就可以同時取消所有的子 Coroutine。

CoroutineContext 裡面除了 Job 以外，調度器也存在其中，Coroutine 函式庫內有多種內建的調度器，根據需求選用適當的調度器。

可以分為兩個面向選擇調度器：更新 UI、處理背景任務。

當我們需要更新 UI 的時後，選擇 **Dispatchers.Main** 將目前的執行緒切回主執行緒，這邊要特別注意的是，由於不同平台對於主執行緒的定義皆不同，所以為了能夠正確地使用 **Dispatchers.Main**，需要引用適當的函式庫。如 Android 就需要引用 kotlinx-coroutines-android，若是 JavaFx，則需引用 kotlinx-coroutines-javafx；Swing EDT 則是引用 kotlinx-coroutines-swing，除了引用適當的函式庫外，還需要確認使用的版本與 kotlinx-coroutines-core 的相同。

背景任務有兩種調度器可供使用：**Dispatchers.Default** 以及 **Dispatchers.IO**。這兩種調度器最大的差異在於執行緒的數量，若是需要 CPU 的密集運算，則選擇 **Dispatchers.Default**，因為 CPU 密集運算時不太需要頻繁的切換執行緒，所以在這種調度器底下只會依照 CPU 的核心來建立執行緒的數量。相對的，**Dispatchers.IO** 是用來處理 IO 任務，如網路 IO，硬體 IO... 在這種情況之下，有可能需要同時開啟多個執行緒來執行任務，**Dispatchers.IO** 至少會建立 64 個執行緒，假如 CPU 的核心數超過 64 時，則會依據 CPU 的核心數量來決定。另外，我們也可以使用 **limitedParallelism()** 來限制使用的執行緒數量。

最後一種調度器則是不受限制的調度器（**Dispatchers.Unconfined**），在這個調度器當中，會自行切換使用的執行緒，當使用 **withContext(Dispatchers.Unconfined)** 時，在區塊裡面的任務會在執行完畢之後才會把 Coroutine 使用權交出去。

Note

Chapter

7

Channel

本章目標

- 了解 Channel 的用法
- 不同類型的 Channel 的差異及用途

在前面的文章中，我們了解 Coroutine 的基本原理，包括如何使用 Coroutine 建構器 **launch**、**async** 建立 Coroutine，並在作用域中使用 **withContext** 切換不同的執行緒。針對單一的任務，這種方式是容易實作的，但是若同時需要執行多個非同步任務，這種方式可能就變得不太適用。

在多執行緒的應用中，生產者 - 消費者問題（Producer-Consumer Problem）是常見的問題之一：生產者將數據產出後放在緩衝區中，而消費者會去該緩衝區拿取該數據，而問題的關鍵在於當緩衝區滿了的時候要避免生產者將數據再次存放在緩衝區中；同樣地，消費者也要避免在空的緩衝區去取用數據，使用 Channel 能夠輕鬆的解決生產者 - 消費者問題。

接下來的兩章，將介紹 Kotlin Coroutine 函式庫提供的兩種應用在處理多個非同步任務的方式：Channel 以及 Flow。

7-1 Channel

Channel 的意思是「通道」，在這邊的用意是在不同的 Coroutine 中建立一個通道，讓資料可以由這個通道傳至其他的 Coroutine。我們知道，建立 Coroutine 的時候可以依據不同的調度器來選擇不同的執行緒，也就是說，我們可以透過通道讓結果從不同的執行緒傳到另一個執行緒，如背景執行緒到主執行緒。

Example 7-1，假設有一項任務需要重複做十次，且每一次都需要執行 200 毫秒，最後需要在結果產生後先將單一任務的結果傳出去給其它 Coroutine 使用。在 Channel 的兩端，分別對應兩個函式：**send** 以及 **receive**，使用 **send** 函式將結果傳出去，並用 **receive** 函式接收結果。從結果我們可以發現，當我們在 launch 內部使用 **send** 函式將計算的結果傳出去，並在外側使用 **receive** 函式接收該值時，並不會等到所有的結果都傳送出去才會接收。而是可以在結果產生之後，就由 **receive** 函式取得其結果。

```
fun main() = runBlocking {
    val channel = Channel<Int>()
    launch(Dispatchers.Default) {
        repeat(10) {
            delay(200)
            println("Send: $it ${Thread.currentThread().name}")
            channel.send(it)
        }
    }
    repeat(10) {
        println("Receive: ${channel.receive()},
                    thread :${Thread.currentThread().name}")
    }
    println("Finish!")
}
```

Example 7-1 , Channel

```
Send: 0 DefaultDispatcher-worker-1
Receive: 0, thread :main
Send: 1 DefaultDispatcher-worker-1
Receive: 1, thread :main
Send: 2 DefaultDispatcher-worker-1
Receive: 2, thread :main
Send: 3 DefaultDispatcher-worker-1
Receive: 3, thread :main
Send: 4 DefaultDispatcher-worker-1
Receive: 4, thread :main
Send: 5 DefaultDispatcher-worker-1
Receive: 5, thread :main
Send: 6 DefaultDispatcher-worker-1
Receive: 6, thread :main
Send: 7 DefaultDispatcher-worker-1
Receive: 7, thread :main
Send: 8 DefaultDispatcher-worker-1
Receive: 8, thread :main
Send: 9 DefaultDispatcher-worker-1
Receive: 9, thread :main
Finish!
```

7-1-1 先進先出

Channel 的機制類似佇列（Queue），資料是採取 FIFO（First in first out）的方式傳入 - 傳出。

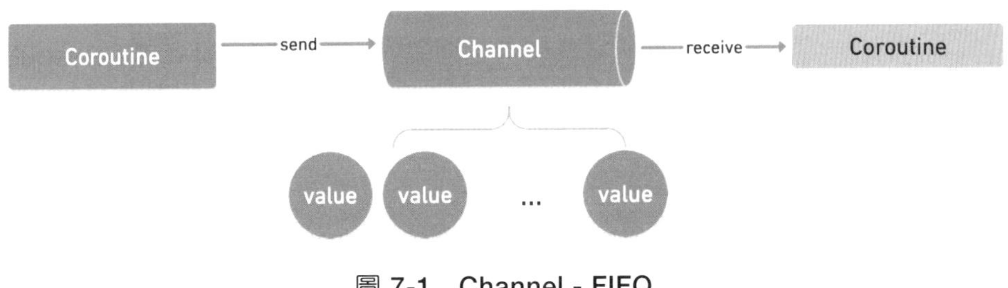

圖 7-1 Channel - FIFO

Example 7-1 我們使用 **send** 函式把資料傳進 Channel 中，使用 **receive** 函式將資料取出。需要注意的是，呼叫 **send** 函式以及 **receive** 函式的次數必須是相同的。

假如將 **receive** 函式呼叫的次數增加一次（將 repeat 的次數由 10 改為 11），執行後發現，程式並不會結束，**receive** 函式會持續等待 Channel 提供資料讓它取出：

```
fun main() = runBlocking {
    val channel = Channel<Int>()
    launch(Dispatchers.Default) {
        repeat(10) {
            delay(200)
            println("Send: $it ${Thread.currentThread().name}")
            channel.send(it)
        }
    }
    repeat(11) {
        println("Receive: ${channel.receive()},
                    thread :${Thread.currentThread().name}")
```

```
    }
    println("Finish!")
}
```

Example 7-2，Channel 的 send 函式與 receive 函式呼叫次數非對稱

```
Send: 0 DefaultDispatcher-worker-1
Receive: 0, thread :main
Send: 1 DefaultDispatcher-worker-1
Receive: 1, thread :main
Send: 2 DefaultDispatcher-worker-1
Receive: 2, thread :main
Send: 3 DefaultDispatcher-worker-1
Receive: 3, thread :main
Send: 4 DefaultDispatcher-worker-1
Receive: 4, thread :main
Send: 5 DefaultDispatcher-worker-1
Receive: 5, thread :main
Send: 6 DefaultDispatcher-worker-1
Receive: 6, thread :main
Send: 7 DefaultDispatcher-worker-1
Receive: 7, thread :main
Send: 8 DefaultDispatcher-worker-1
Receive: 8, thread :main
Send: 9 DefaultDispatcher-worker-1
Receive: 9, thread :main
```

7-1-2 receive 函式

為什麼 **receive** 函式可以等待呢？我想你可能猜到了，因為 **receive** 函式其實也是一個 suspend 函式。

```
public suspend fun receive(): E
```

若在 Channel 裡面有內容，呼叫 **receive** 函式的同時就會取出 Channel 的內容；反之，若 Channel 是空的，呼叫 **receive** 函式時，會暫停呼叫 receive 函式端的 Coroutine 直到 Channel 裡面有內容為止。

所以 Example 7-2 才會發生當如果呼叫 **receive** 函式的次數比 **send** 函式的次數還要多，程式無法結束的情況，因為這個 **receive** 函式函式還在等待 Channel 內部有值可以取。

7-1-3 send 函式

Channel 的另一端的 **send** 函式同樣也是一個 **suspend** 函式，會依據建立 Channel 所帶的參數來決定要使用哪種資料緩衝方式。

```
public suspend fun send(element: E)
```

當使用 Channel 建構式 **Channel()** 建立 Channel 的時候，若沒有帶任何參數，那麼建立出來的 Channel 是屬於沒有緩衝（Buffer）的 Rendezvous Channel。

使用 Rendezvous Channel 來傳輸資料，因為沒有緩衝，所以傳輸資料的方式會是當有 **send** 函式與 **receive** 函式都被呼叫的時候，這個時候資料才會傳輸過去，這種方式就不需要緩衝，呼叫 **send** 函式時也就不需要暫停了，在 7-2 節會針對其它的緩衝類別做介紹。

7-1-4 close 函式

使用 Channel 的時候，若我們希望 Channel 能夠在我們預期的時間點被關閉，之後就不能傳送新的值時，可以使用 **close** 函式強制讓 Channel 關閉，當我們呼叫 **close** 函式之後，就無法在使用 **send** 函式把值透過 Channel 傳給 **receive** 函式端（因為 Channel 已經關閉）。

心智圖

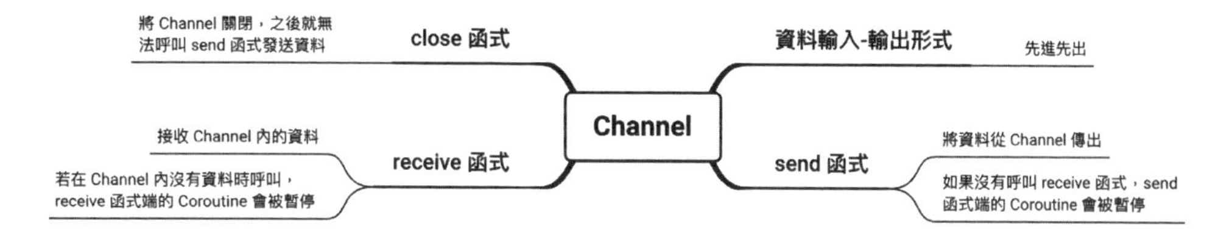

7-2 不同類型的 Channel

在上一小節，我們建立 Channel 是使用建構式 **Channel<E>()** 來建立一個 Channel。在 Kotlin 中，若函式不需要參數，可能的原因有兩種，第一種是沒有輸入參數，另一種則是參數都已經有預設值，而在 Channel 的建構式中，是屬於第二種情況，在 7-1-3 小節已經提到，沒有帶參數時會使用 Rendezvous Channel，從函式簽名得知，**Channel()** 內有三個參數，**capacity:Int**、**onBufferOverflow: BufferOverflow**、**onUndeliveredElement: ((E) -> Unit**

```
public fun <E> Channel(
    capacity: Int = RENDEZVOUS,
    onBufferOverflow: BufferOverflow = BufferOverflow.SUSPEND,
    onUndeliveredElement: ((E) -> Unit)? = null
): Channel<E>
```

當沒有參數傳進來的時候，預設是會使用

```
capacity: Int = RENDEZVOUS
onBufferOverflow: BufferOverflow = BufferOverflow.SUSPEND
onUndeliveredElement: ((E) -> Unit)? = null
```

依據帶入的參數不同，Channel 的特性也不一樣。

7-2-1 緩衝區

這邊的 Capacity 指的是緩衝區的大小，Channel 提供四種不同的緩衝區類型：

- RENDEZVOUS
- CONFLATED
- BUFFERED
- UNLIMITED

7-2-1-1 會合的通道（Rendezvous Channel）

Rendezvous 為預設的緩衝類型，這是一種沒有緩衝區的緩衝類型。當緩衝類型為 Rendezvous 時，經由 Channel 傳送的元素只有 **send** 函式以及 **receive** 函式都被呼叫時，才會把值透過 Channel 傳送過去。

當呼叫 **send** 函式時，若沒有相對應的 **receive** 函式被呼叫，**send** 函式端的 Coroutine 就會被暫停，直到有一個 **receive** 函式被呼叫，如圖 7-2；相反地，若是在 Channel 內沒有值的時候（沒有 send 函式被呼叫過）呼叫 **receive** 函式，此時 **receive** 函式端的 Coroutine 就會被暫停，直到一個 **send** 函式被呼叫，這時才會從 Channel 取得由 **send** 函式送出的值，如圖 7-3；換句話說，**send** 函式與 **receive** 函式是一組一組成雙成對的。

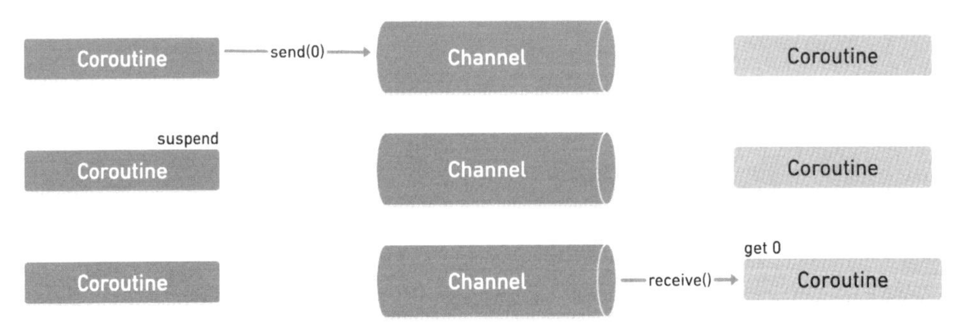

圖 7-2 呼叫 send 函式會暫停呼叫端的 Coroutine，直到另一端呼叫 receive 函式將值取走

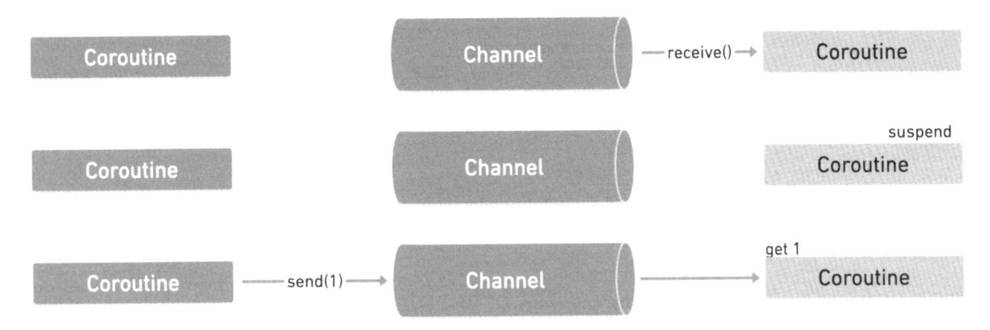

圖 7-3 若沒有 send 函式被呼叫過，呼叫 receive 函式會暫停呼叫端的 Coroutine，直到另一端呼叫 send()

從 **Channel()** 建構函式的內容我們發現，使用 Rendezvous Channel 必須要將 **onBufferOverflow** 設定為 **BufferOverflow.SUSPEND**，此時才會建立 **RendezvousChannel()**；否則，就會建立一個 **ArrayChannel()** 且 capacity 為 1。(Channel() 預設的 onBufferOverflow 的值就是設定為 BufferOverflow.SUSPEND。)

```
RENDEZVOUS -> {
      if (onBufferOverflow == BufferOverflow.SUSPEND)
          RendezvousChannel(onUndeliveredElement) // an efficient
implementation of rendezvous Channel
      else
          ArrayChannel(1, onBufferOverflow, onUndeliveredElement)
// support buffer overflow with buffered Channel
  }
```

7-2-1-2 合併的通道（Conflated Channel）

Conflated Channel 它在使用上並不是將所有的元素都合併起來，而是只保留最後一個元素，因為在這個 Channel 中，它的緩衝區大小只有一個，所以緩衝區只會把最新的元素保留下來，在下一個 **send** 函式調用之前如果沒有調用 **receive** 函式，那麼在緩衝區裡面的元素將會被丟掉。

Example 7-3，在 **launch {...}** 中將 repeat 所重複的次數當作結果利用 **send** 函式發送至 Channel 中，並在 100 毫秒之後，再利用 **send** 函式發送 1000 至 Channel 中。

我們先稍微想一下，若使用預設的緩衝類型（Rendezvous Channel），會得到什麼結果呢？根據上一小節介紹的，Rendezvous Channel 是屬於 FIFO 的通道，**send** 函式需要與 **receive** 函式成雙成對的呼叫。所以 Example 7-3 若以預設的緩衝類型來發送資料，當使用 **receive** 函式取值時，只會得到一個 0，因為在 **repeat** 函式區塊內，第一個發送出來的值就是 0，接下來，因為沒有其他的 **receive** 函式被呼叫，所以第二個 **send** 函式就會被暫停，直到呼叫下一個 **receive** 函式。

那麼，改用 Conflated Channel 試試看，得到的會是什麼結果呢？

從結果得知，我們只會得到一個 1000，然後就沒了！

```
fun main() = runBlocking {
    val channel = Channel<Int>(capacity = Channel.CONFLATED)
    launch(Dispatchers.Default) {
        repeat(10) {
            channel.send(it)
        }

        delay(100)
        channel.send(1000)
    }

    delay(200)
    println(channel.receive())

    println("Finish!")
}
```

Example 7-3，Conflated Channel

```
1000
Finish!
```

因為 Conflated Channel 的容量只有 1，如果 Channel 內已有元素，在這時候假設又有新的元素傳入，多出來的元素都會被丟掉，而保留的元素同樣採取 FIFO 的策略，只保留 Channel 內最後的元素。(先進去的元素被丟棄)，所以 Example 7-3 的第一段 **channel.send()** 因為發送的時間比取值的時間還要早，所以所有的值都以會新的蓋掉舊的行為進行，因為第一個 **channel.receive()** 呼叫時，已經過了 200 毫秒。

我在這邊刻意將含有 **channel.receive()** 的 **delay** 函式的時間設定為 200 毫秒，因為要包含到最後一個 **send** 函式的時間，以 Example 7-3 來說，第一段的 **channel.send()** 做完時，在延遲 100 毫秒後，接著會調用 **channel.send(1000)** 把整數 1000 送出，而這整個發送資料的時間大約花了 100 毫秒，所以在 **channel.receive()** 被呼叫時，只有 1000 會被列印出來。

【步驟】

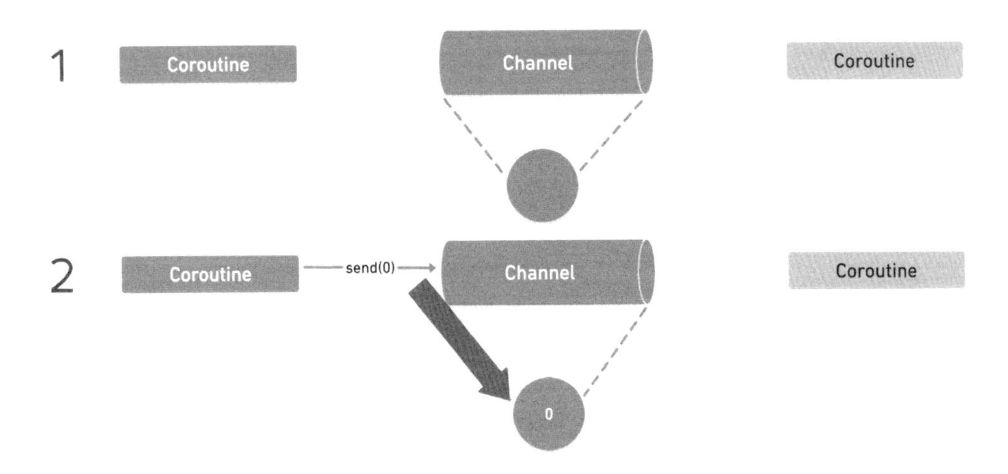

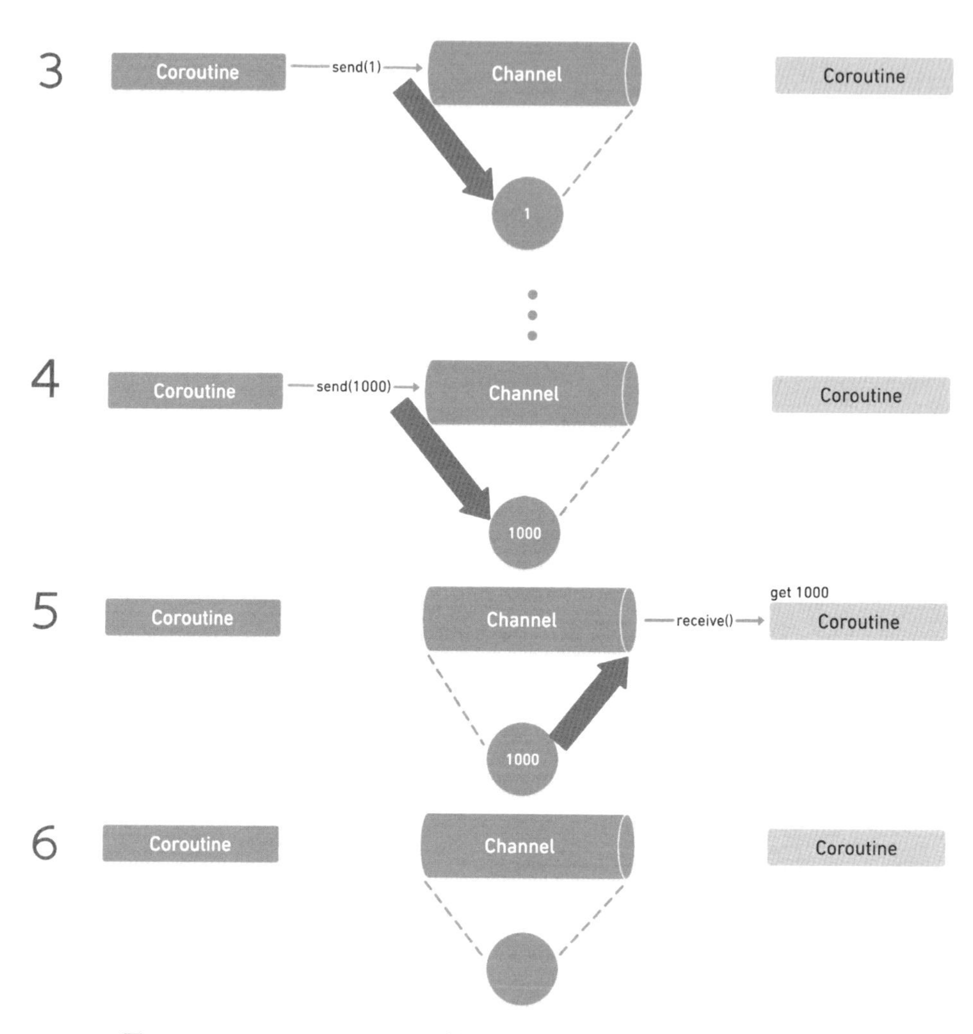

圖 7-4　Conflated Channel 的緩衝區只有一個，呼叫 send 函式不會暫停呼叫端的 Coroutine

有趣的點

```
CONFLATED -> {
            require(onBufferOverflow == BufferOverflow.SUSPEND) {
                "CONFLATED capacity cannot be used with non-default
                    onBufferOverflow"
```

```
        }
        ConflatedChannel(onUndeliveredElement)
    }
```

使用 **Channel<Int>(capacity = Channel.CONFLATED)** 建立 Conflated Channel 時，**onBufferOverflow** 必需是 **BufferOverflow.SUSPEND**，因為它只支援預設的 BufferOverflow。進入 CONFLATED 的定義去看，其實它是建立一個使用 **onBufferOverflow = DROP_OLDEST** 的 Channel，所以在緩衝區內的資料就會以先進先出的方式被捨棄。也就是說，當 Conflated Channel 時，BufferOverflow 是不需要額外設定的。

> *Requests a conflated channel in the Channel(...) factory function. This is a shortcut to creating a channel with onBufferOverflow = DROP_OLDEST.*

7-2-1-3 緩衝的通道（Buffered Channel）

前面兩小節介紹了兩種不同的 Channel，一種是緩衝容量為空的 Rendezvous Channel，另一種是緩衝容量為 1，且緩衝區溢位策略為捨棄舊元素（BufferOverflow.DROP_OLDEST）的 Conflated Channel。在這小節中，介紹的是固定緩衝容量，且其緩衝區溢位策略為 **BufferOverflow.SUSPEND** 的 Buffered Channel。

與 Conflated Channel 一樣都是有緩衝區容量不為 0，但不同的地方在於緩衝區溢位策略的不同，Conflated Channel 為 **BufferOverflow.DROP_OLDEST**，而 Buffered Channel 則是 **BufferOverflow.SUSPEND** 而這種策略（BufferOverflow.SUSPEND）是當 Channel 的緩衝容量已滿的時候，呼叫 **send** 函式會暫停呼叫 **send** 函式端的 Coroutine。

從 Example 7-4 我們可以觀察到使用 Buffered Channel 的結果，在 Channel 滿的時候會暫停目前的 Coroutine，並將控制權交給其他 Coroutine 使用。

```
fun main() = runBlocking {
    val channel = Channel<Int>(capacity = 5)

    launch(Dispatchers.Default) {
        repeat(10) {
            println("send: $it")
            channel.send(it)
        }
        channel.close()
    }

    for (i in channel) {
        println("channel receive: $i")
    }
}
```

Example 7-4，Buffered Channel

```
send: 0
send: 1
send: 2
send: 3
send: 4
send: 5
send: 6
channel receive: 0
channel receive: 1
channel receive: 2
channel receive: 3
channel receive: 4
channel receive: 5
channel receive: 6
send: 7
send: 8
send: 9
channel receive: 7
channel receive: 8
channel receive: 9
```

【步驟】

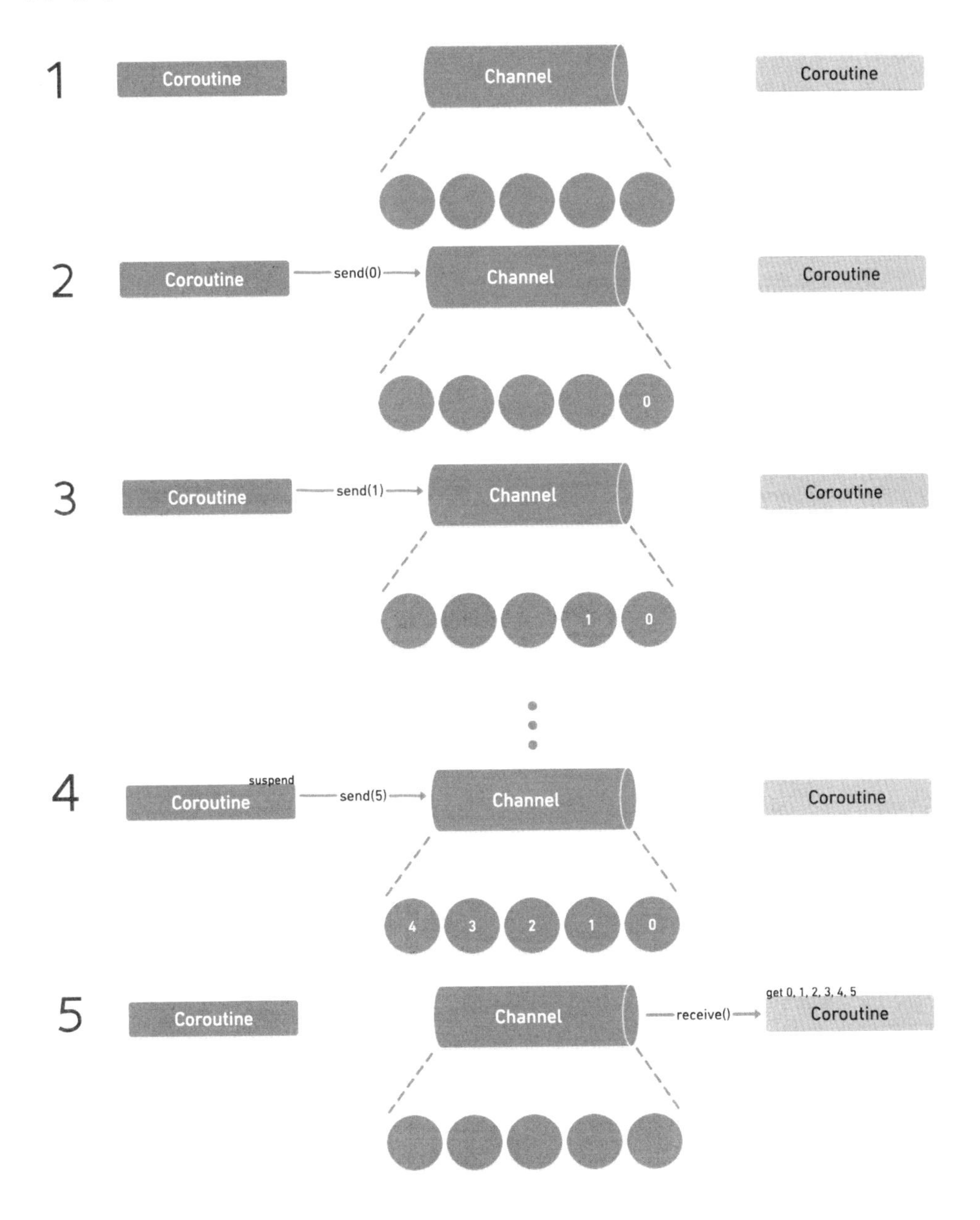
1
Coroutine
Channel
Coroutine
2
Coroutine
send(0)
Channel
Coroutine
0
3
Coroutine
send(1)
Channel
Coroutine
1
0
4
suspend
Coroutine
send(5)
Channel
Coroutine
4
3
2
1
0
5
Coroutine
Channel
receive()
get 0, 1, 2, 3, 4, 5
Coroutine

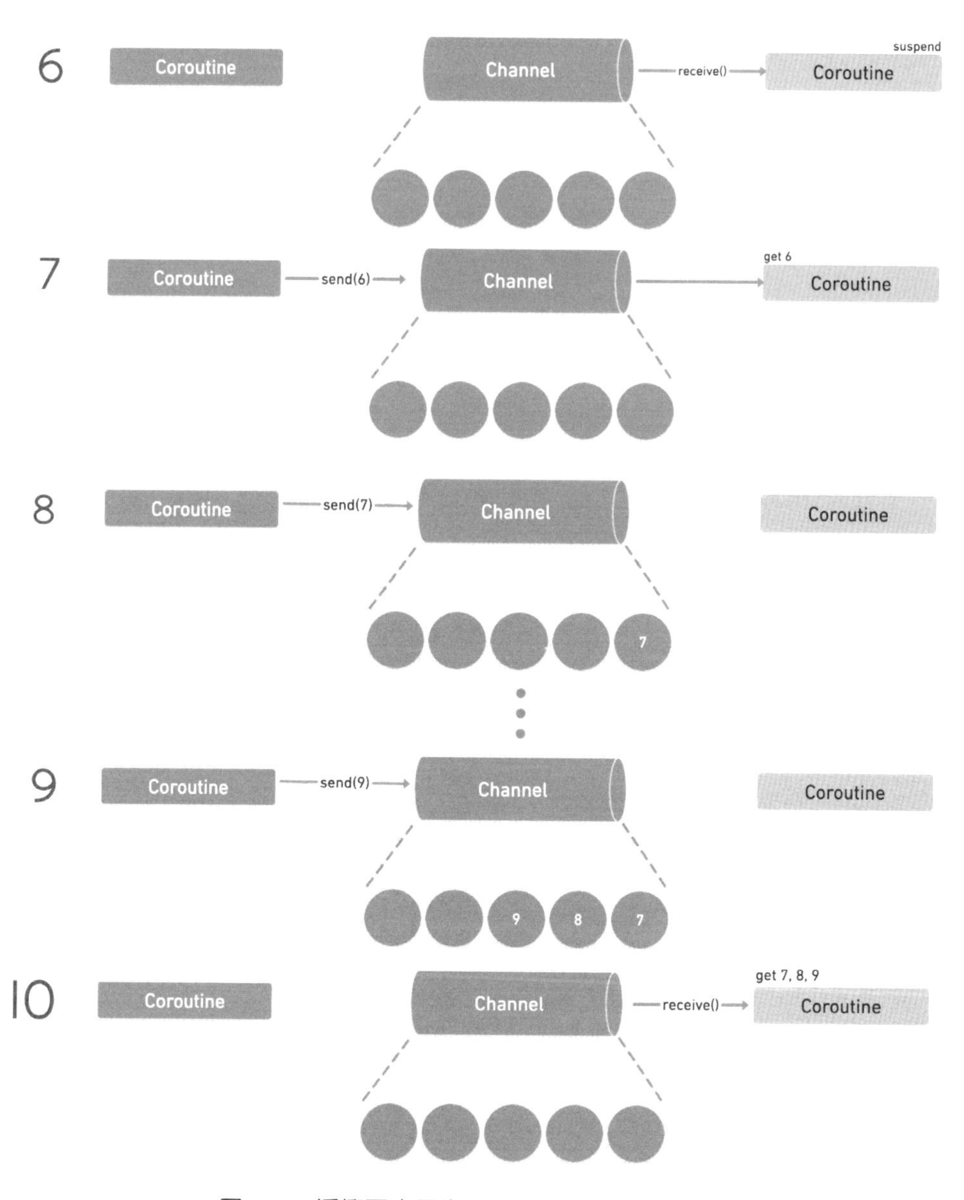

圖 7-5　緩衝區容量為 5 的 Buffered Channel

各位讀者可以想想看，假設將 Example 7-5 改成使用 Conflated Channel，結果會是如何呢？

解答如下：

```
send: 0
send: 1
send: 2
send: 3
send: 4
send: 5
send: 6
send: 7
send: 8
send: 9
channel receive: 9
```

在 Example 7-4 中，我們是使用一個固定的值來建立 Buffered Channel（capacity = 5），若我們改用 **Capacity.BUFFERED** 來建立，就會建立預設緩衝容量的 Channel，而預設是 64，不過這個部分可能會根據不同的平台會有不同的預設值，在使用 **Capacity.BUFFERED** 的時候可要多加留意。

7-2-1-4 無限的通道（Unlimited Channel）

前面介紹的 Channel 的緩衝容量不是 0 就是有限的，接下來要介紹的是具有無限緩衝容量的 Unlimited Channel；換句話說，緩衝永遠不會溢位。

從 **Channel()** 建構式得知，若將 Capacity 設為 **Capacity.UNLIMITED** 就會建立 LinkedListChannel - 它是一個有順序性的列表。

```
UNLIMITED -> LinkedListChannel(onUndeliveredElement) // ignores
onBufferOverflow: it has buffer, but it never overflows
```

LinkedListChannel 的實作如下，可以發現 isBufferAlwaysFull 以及 isBufferFull 都是回傳 false，意思也就緩衝區是不會滿的，自然也就不會發生緩衝溢位的情形。（不過無限制的緩衝容量還是需要看記憶體夠不夠放）

```
internal open class LinkedListChannel<E>(onUndeliveredElement:
OnUndeliveredElement<E>?) : AbstractChannel<E>(onUndeliveredElement) {
    protected final override val isBufferAlwaysEmpty: Boolean get() = true
    protected final override val isBufferEmpty: Boolean get() = true
    protected final override val isBufferAlwaysFull: Boolean get() = false
    protected final override val isBufferFull: Boolean get() = false
...
```

Example 7-5 是將 Example 7-4 改成使用 **Channel.UNLIMITED** 來建立 Channel，由於有無限大的緩衝區，所以不會因為緩衝區溢位而造成 Coroutine 暫停，必須要等到迴圈執行完成後，才會輪到其他的 Coroutine 區塊動作。

```
fun main() = runBlocking {
    val channel = Channel<Int>(capacity = Channel.UNLIMITED)

    launch(Dispatchers.Default) {
        repeat(10) {
            println("send: $it")
            channel.send(it)
        }
        channel.close()
    }

    for (i in channel) {
        println("receive: $i")
    }
}
```

Example 7-5，Unlimited Channel

```
send: 0
send: 1
send: 2
send: 3
send: 4
send: 5
send: 6
send: 7
send: 8
send: 9
receive: 0
receive: 1
receive: 2
receive: 3
receive: 4
receive: 5
receive: 6
receive: 7
receive: 8
receive: 9
```

7-2-2 緩衝區溢位策略

我們在前一小節知道根據帶入的 Capacity 不同，會建立不同的 Channel，而在這些不同的緩衝類型之下，會選擇不同的緩衝區溢位策略，其中 Rendezvous Channel 及 Bufferred Channel 會使用 **BufferedOverflow.SUSPEND**，也就是說當呼叫 **send** 函式時，若 Channel 沒有緩衝空間可以存放時，就會暫停 **send** 函式所在的 Coroutine，直到 Channel 內有空間。

除了 **BufferedOverflow.SUSPEND** 之外，還有兩種緩衝區溢位策略，一種是 Conflated Channel 使用的 **BufferedOverflow.DROP_OLDEST**，另一種則是 **BufferedOverflow.DROP_LATEST**。選擇這兩種策略時，無論呼叫多少次 **send** 函式都不會造成該 Coroutine 被暫停，因為它們會讓已存在 Channel 內的內容被清除掉。**BufferedOverflow.DROP_OLDEST** 會清除最舊的值；

反之，**BufferedOverflow.DROP_LATEST** 則是會清除最新存入的值，也就是當 Channel 的緩衝區已滿的時候，新的值都會被丟棄不能存入緩衝區中。

```
public enum class BufferOverflow {
    /**
     * Suspend on buffer overflow.
     */
    SUSPEND,

    /**
     * Drop **the oldest** value in the buffer on overflow, add
the new value to the buffer, do not suspend.
     */
    DROP_OLDEST,

    /**
     * Drop **the latest** value that is being added to the
buffer right now on buffer overflow
     * (so that buffer contents stay the same), do not suspend.
     */
    DROP_LATEST
}
```

心智圖

小結

透過通道，我們可以執行多個非同步任務，將任務的結果由 **send** 函式發出，在通道的另一端使用 **receive** 函式將結果取回，預設的通道是沒有緩衝容量的，也就是說當一個 **send** 函式被呼叫時，就必須要有相對的 **receive** 函式被呼叫，否則就會暫停 Coroutine。如果是呼叫 **send** 函式卻沒有呼叫 **receive** 函式取值，**send** 函式端的 Coroutine 就會被暫停；反之，若在還沒有 **send** 函式前呼叫 **receive** 函式時，此時 **receive** 函式端的 Coroutine 就會被暫停，直到下一個 send 函式被呼叫。假如我們的資料已經傳完了，可以透過 **close** 函式將通道關閉。

使用 Channel() 建構式建立通道時，如果不帶入任何參數就會使用預設的緩衝區容量 RENDEZVOUS，當然我們也可以依照需求建立通道的容量大小。而包含 RENDEZVOUS 在內，可以依照需求帶入四種不同的特殊的 Capacity 值來建立。

- RENDEZVOUS（預設值）
- CONFLATED
- BUFFERED
- UNLIMITED

Rendezvous Channel（Channel 的緩衝容量為 0），在每次呼叫 **send** 函式時，由於 Channel 不會暫存任何值，所以 **send** 函式都會被暫停直到呼叫 **receive** 函式函式將 **send** 函式上的值取走；反之，假如呼叫 **receive** 函式但卻沒有呼叫過 **send** 函式，那該 **receive** 函式就會被暫停。所以當緩存容量為 0 時，就只剩下 **send** 函式與 **receive** 函式的互動，簡單來說：「Rendezvous Channel 的 **send** 函式與 **receive** 函式是成雙成對的，只要缺一，另一邊就會暫停等待對方。」

Conflated Channel 因緩衝容量只有 1，且緩衝溢出策略為 **BufferOverflow.DROP_ OLDEST**，假設 Channel 內已有值，在之後的每次呼叫 **send** 函式函式傳進新的值時，Channel 內的舊元素就會被剃除。

Buffered Channel 則是會根據帶入的容量來決定緩衝區的大小，當 **send** 函式的數量超過緩衝區的大小時，多出的 **send** 函式就會被暫停，如果使用 **Capacity.BUFFERED** 來建立 Channel，預設是會使用緩衝區大小為 64 的 Channel。

最後的 Unlimited Channel 因為具有無限大的緩衝區大小，所以無論呼叫多少次 **send** 函式都不會讓 Coroutine 被暫停，唯一要注意的是雖然字面上是無限，實際上還是要看實際記憶體的大小。

特別要注意的是，**receive** 函式的行為是固定的：如果在 Channel 為空的時候呼叫，那麼 **receive** 函式就會暫停該 Coroutine 直到 Channel 不為空。

Chapter

8

Flow

本章目標

- 了解 Flow 與 Channel 的差異
- 認識中間運算子、終端運算子及其用法
- 如何在 Flow 中切換執行緒

前一章介紹如何使用 Channel 來處理多個非同步的任務，Flow 與 Channel 相同，都是用來處理多個非同步任務的解決方案。那麼，這兩種方式有什麼差異呢？

Flow 是用來處理非同步資料流的一種方式，它會按照發射（emit）的順序來執行。

> *An asynchronous data stream that sequentially emits values and completes normally or with an exception.*

將非同步任務透過 Flow 的方式發送，在結果被接收之前，這個非同步任務都不會被執行，甚至可以在執行之前透過一些函式來將這些資料轉換成我們所希望的樣子。

跟 Channel 不太一樣的地方是，Channel 一次取出一個值，而 Flow 取出的是一個資料流（Stream）；換句話說，使用 Channel 時，我們必須要呼叫多次的 **`receive`** 函式來接收 **`send`** 函式傳送出來的值，而 Flow 只需要使用 **`collect`** 函式就可以處理這個資料流內的所有內容。

8-1 第一個 Flow

Kotlin 提供多種方式建立 Flow，在 Example 8-1（使用 **`flow`** 函式來建立）中，在 **`flow{}`** 內使用 **`repeat(10)`** 重複執行十次任務，而每次執行時都會先呼叫 **`delay(100)`** 暫停 Coroutine，並將當下的 it 使用 **`emit(it)`** 發射出去。**`flow{}`** 建立出來的函式並不是一個 suspend 函式，原因是 Flow 會等到接收的時候才會去執行，所以接收的函式才會是一個 suspend 函式。

```
fun firstFlow(): Flow<Int> = flow {
    repeat(10) {
        delay(100)
        emit(it)
    }
}
```

Example 8-1，第一個 Flow

另外，在 **flow{ }** 裡包含著一個 suspend 函式 - **delay**，所以也就是表示這個 Lambda 表達式是一個 suspend 函式（因為 suspend 函式只能在 suspend 函式裡被執行）。

flow{ } 函式的簽名：

```
public fun <T> flow(@BuilderInference block: suspend
FlowCollector<T>.() -> Unit): Flow<T> = SafeFlow(block)
```

flow{ } 內的確包含了一個 suspend 函式：**suspend FlowCollector<T>.() -> Unit**。

在 Example 8-1 的 **flow{ }** 裡，最後使用了 **emit** 函式將整數傳進資料流中。

而 **emit** 函式其實就是 FlowCollector 介面的函式。

```
public interface FlowCollector<in T> {

    /**
     * Collects the value emitted by the upstream.
     * This method is not thread-safe and should not be invoked
concurrently.
     */
    public suspend fun emit(value: T)
}
```

如何取得 Flow 的資料呢？

從 Example 8-1 我們知道，**`flow{ }`** 回傳的是一個 **`Flow<T>`** 的值，那麼我們來看一下這個 Flow 介面的定義：

```
public interface Flow<out T> {

    @InternalCoroutinesApi
    public suspend fun collect(collector: FlowCollector<T>)
}
```

在 Flow 內只有一個函式：**`collect`**，其唯一的參數為 **`FlowCollector<T>`**，這個型別就是我們在 **`flow{ }`** 中建立的 Lambda 表達式的型別。

所以看到這邊我們就大致瞭解了，Flow 是利用 **`FlowCollector<T>`** 來傳送資料：用 **`emit`** 函式將資料傳進去，然後用 **`collect`** 函式把資料取出。

取出資料的範例如下：

```
fun main() = runBlocking {
    firstFlow()
        .collect { println(it) }
}
```

Flow 取值

```
0
1
2
3
4
5
6
7
8
9
```

心智圖

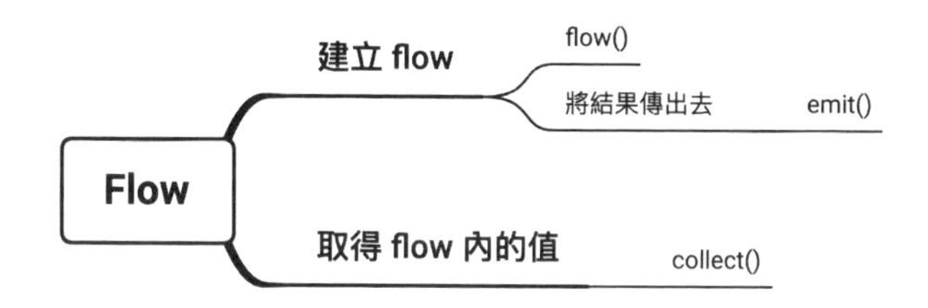

8-2 Flow 是冷資料流

前面提到，Flow 的資料是存放在資料流中，只有在接收的時候才會執行*。當資料存放在資料流時，我們可以多次呼叫 **`collect`** 函式接收它們，且在每次接收的時候，都會重新執行一次 **`flow{ }`** 裡面的程式碼，因為每次都會重新執行資料流裡的任務，所以 Example 8-2 的結果就會得到兩組相同的結果（0…9）。

Channel 則相反，當呼叫 Channel 的 send 函式時，該任務就會立刻被執行。所以 Flow 又稱為 Cold Flow，Channel 稱為 Hot Channel。

我們將 Example 8-1 稍作修改：

```
fun main() = runBlocking {
    firstFlow().collect { println(it) }
    println("---")
    firstFlow().collect { println(it) }
}
```

Example 8-2，資料流可以重複執行

```
0
1
```

```
2
3
4
5
6
7
8
9
---
0
1
2
3
4
5
6
7
8
9
```

心智圖

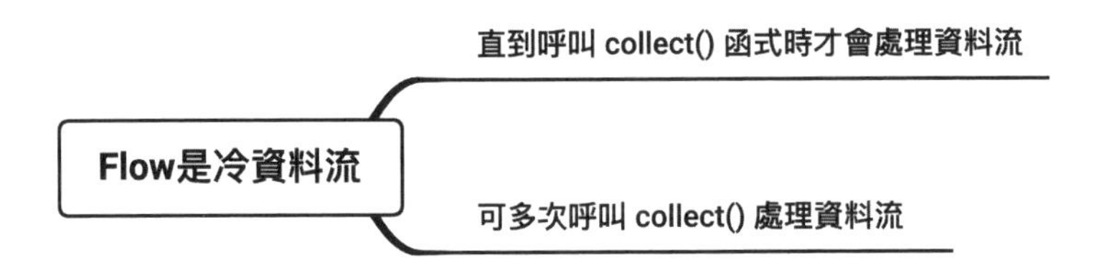

8-3 Flow 建構器

建立 Flow，除了 Example 8-1 所使用的 **`flow{ }`**，還有其它不同的建構器，如：

- **`flowOf()`**
- **`asFlow()`**

8-3-1 flowOf

flowOf() 有兩種不同的實作：一種是處理一個值，另外一種是處理多個值。不過，其實這兩種方式的實作都是使用 **flow{ }** 來建立 Flow。

處理單一輸入的 flowOf()

```
public fun <T> flowOf(value: T): Flow<T> = flow {
    /*
     * Implementation note: this is just an "optimized" overload
of flowOf(vararg)
     * which significantly reduces the footprint of widespread
single-value flows.
     */
    emit(value)
}


suspend fun sendValue(): Int {
    delay(100)
    return Random.nextInt()
}

fun main() = runBlocking {
    flowOf(sendValue())
        .collect { println(it) }
}
```

Example 8-3，用 flowOf() 將 suspend 函式轉換成 Flow

```
1535301349
```

因 **sendValue** 函式是使用 **Random.nextInt()** 產生結果，所以每次呼叫都會重新執行一次，產生不同結果。

處理多個輸入的 `flowOf()`

```
public fun <T> flowOf(vararg elements: T): Flow<T> = flow {
    for (element in elements) {
        emit(element)
    }
}


suspend fun randomNumberUntil(until: Int): Int {
    delay(100)
    return Random.nextInt(until)
}

fun main() = runBlocking {
    flowOf(
        randomNumberUntil(10),
        randomNumberUntil(10),
        randomNumberUntil(10)
    ).collect { println(it) }
}
```

Example 8-4，用 flowOf() 將多個 suspend 函式轉換成 Flow

```
6
5
7
```

8-3-2 asFlow

如果你的資料是一個 Collection，那麼我們就可以使用 **`asFlow()`** 來將 Collection 轉成 Flow。

在 **`kotlinx-coroutines-core`** 內的 Builders.kt 可以找到 **`asFlow()`** 的實作，可以看到針對不同的 Collection 都有相對應的擴充函式：

```
public fun <T> Array<T>.asFlow(): Flow<T> = flow {
    forEach { value ->
        emit(value)
    }
}

public fun IntArray.asFlow(): Flow<Int> = flow {
    forEach { value ->
        emit(value)
    }
}

public fun LongArray.asFlow(): Flow<Long> = flow {
    forEach { value ->
        emit(value)
    }
}

public fun IntRange.asFlow(): Flow<Int> = flow {
    forEach { value ->
        emit(value)
    }
}

public fun LongRange.asFlow(): Flow<Long> = flow {
    forEach { value ->
        emit(value)
    }
}

@FlowPreview
public fun <T> (() -> T).asFlow(): Flow<T> = flow {
    emit(invoke())
}

@FlowPreview
public fun <T> (suspend () -> T).asFlow(): Flow<T> = flow {
    emit(invoke())
}
```

```
public fun <T> Iterable<T>.asFlow(): Flow<T> = flow {
    forEach { value ->
        emit(value)
    }
}

public fun <T> Iterator<T>.asFlow(): Flow<T> = flow {
    forEach { value ->
        emit(value)
    }
}

public fun <T> Sequence<T>.asFlow(): Flow<T> = flow {
    forEach { value ->
        emit(value)
    }
}


fun main() = runBlocking {
    val ints = listOf<Int>(1, 2, 3, 4, 5)
    ints.asFlow().collect { println(it) }
}
```

Example 8-5，List().asFlow()

```
1
2
3
4
5
```

心智圖

8-4 中間運算子（Intermediate Operators）

Flow 在呼叫 **`collect`** 函式之前可以使用「中間運算子」，在輸出之前先對資料流作處理。而處理之前的資料流稱為上游資料流（Upstream Flow），處理之後的資料流則稱為下游資料流（Downstream Flow）。

Flow 是以聲明式（Declarative Programming）程式設計的方式設計，所以中間運算子是將低階運算封裝起來，取而代之的只有使用高階函式（Higher-Order Function），當我們需要對資料流作處理的時候，根據需求來呼叫中間運算子，而不需考慮其內部的實作。而這些中間運算子的設計，也有參考函數式程式設計（Functional Programming，FP）慣用的名稱，所以熟悉 FP 的朋友應該對於 Flow 提供的中間運算子不會太陌生。

而在 FP 的領域當中，通常會將高階函式分為三類：過濾（Filter）、轉換（Transform）以及合併（Combine）；我們同樣能夠在 Flow 內依照這三種類別來分類中間運算子。過濾：**`filter`**，轉換：**`map`**、**`take`** 以及 **`zip`** 函式。

在本章中，將依序介紹下列幾個中間運算子：

- map
- filter

- take
- zip

Example 8-1，我們只使用 **collect** 函式將 Flow 內部的值印出來，在接下來的範例中，將繼續使用 Example 8-1 的 **firstFlow()**，不過我們會在呼叫 **collect** 函式之前對 Flow 裡面的資料作一些處理。

8-4-1 map

```
inline fun <T, R> Flow<T>.map(crossinline transform: suspend (T)
-> R): Flow<R>
```

map 可以將輸入的值按照我們設定的方式映射到某一個定義域中。而從 **map** 函式定義我們發現，輸入的型別為 T 經過轉換之後，會變成 R，表示經過 **map** 轉換之後，型別可能會改變。

Example 8-6，在呼叫 **collect** 函式之前，先使用 **map** 函式將 Flow 裡面的每一個元素都轉換成其值的平方。

```
fun main() = runBlocking {
    firstFlow()
        .map { it * it }
        .collect { println(it) }
}
```

Example 8-6，map()

```
0
1
4
9
16
25
```

```
36
49
64
81
```

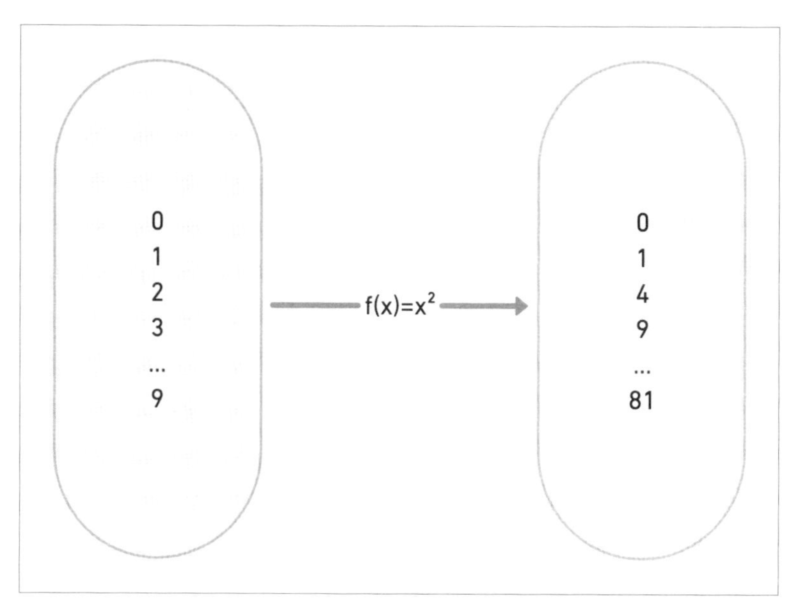

圖 8-1 $f(x) = x^2$

8-4-2 filter

```
inline fun <T> Flow<T>.filter(crossinline predicate: suspend (T)
-> Boolean): Flow<T>
```

filter 函式可以自定義過濾的條件。在 **filter** 函式中，帶入的是一個回傳 Boolean 的 Lambda 表達式，當傳入的元素滿足條件時，就會把這個元素往下傳，否則就會被擋下來。

Example 8-7，利用 **filter()** 將 Flow 內的偶數過濾出來：

```
fun main() = runBlocking {
    firstFlow()
        .filter { it % 2 == 0 }
        .collect { println(it) }
}
```

Example 8-7，filter()

```
0
2
4
6
8
```

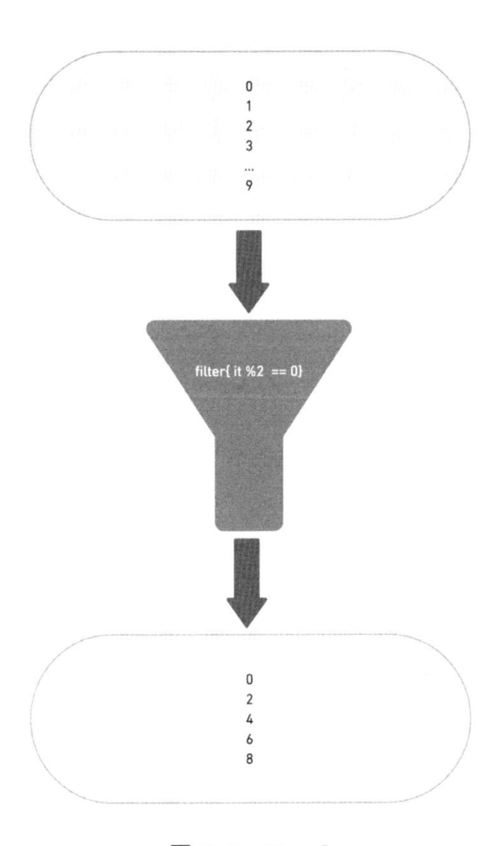

圖 8-2 filter()

8-4-3 take

```
fun <T> Flow<T>.take(count: Int): Flow<T>
```

take 函式會從資料流中，取出指定數量的元素，其中數量為帶入 **take** 函式的整數數值。當指定的數量超過資料流的數量時，就會以資料流的數量為主，也就是全部的元素；如果帶入的值小於 0（包括 0）的話，就會拋出 **IllegalArgumentException**。

Example 8-8，使用 **take** 函式取出資料流前三個數值，因為 Flow 內的值是 0~9，所以取前三個數值就會是 0~2：

```
fun main() = runBlocking {
    firstFlow()
        .take(3)
        .collect { println(it) }
}
```

Example 8-8，take()

```
0
1
2
```

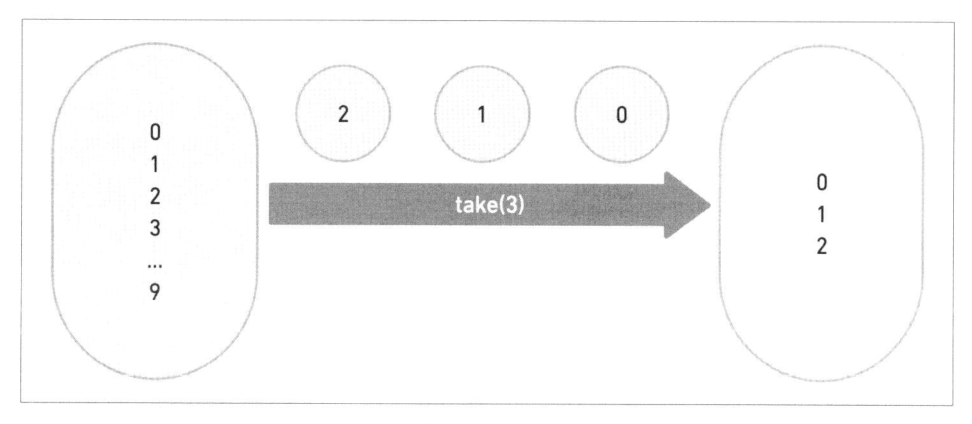

圖 8-3 take()

8-4-4 zip

```
fun <T1, T2, R> Flow<T1>.zip(other: Flow<T2>, transform: suspend
(T1, T2) -> R): Flow<R>
```

zip 函式是用來把兩個 Flow 組合起來，組合出來的數量會取兩個 Flow 的交集，以 Example 8-9 為例，雖然 **firstFlow()** 內的元素有 10 個，但是 stringFlow 只有 4 個元素，使用 **zip** 函式將兩個 Flow 組合起來的結果就只會有四個元素：0-a、1-b、2-c 及 3-d。

```
fun main() = runBlocking {
    val stringFlow = listOf("a", "b", "c", "d").asFlow()

    firstFlow()
        .zip(stringFlow) { int, string -> "$int-$string" }
        .collect { println(it) }
}
```

Example 8-9，zip()

```
0-a
1-b
2-c
3-d
```

8-4-5 中間運算子可混合使用

前面的範例只有在 **collect** 函式前呼叫一個中間運算子。不過，在每個 **collect** 函式之前不只可以呼叫一個中間運算子，我們可以根據需求搭配不同的中間運算子。

Example 8-10，將 **firstFlow()** 傳出的資料流，先使用 **filter** 函式過濾出偶數的元素（0, 2, 4, 6, 8），再使用 **take** 函式取出前 3 個元素（0, 2, 4）。

```
fun main() = runBlocking {
    firstFlow()
        .filter { it % 2 == 0 }
        .take(3)
        .collect { println(it) }
}
```

Example 8-10，同時使用兩個中間運算子

```
0
2
4
```

中間運算子的呼叫順序也是需要考慮的，如果將 Example 8-10 內的 **filter** 與 **take** 函式交換順序，最後得到的結果就會不同。因為若我們先用 **take** 函式取前三個元素，會得到 0, 1, 2，此時再使用 **filter** 函式把偶數過濾出來，那麼我們就只能得到 0, 2。

```
fun main() = runBlocking {
    firstFlow()
        .take(3)
        .filter { it % 2 == 0 }
        .collect { println(it) }
}
```

Example 8-11，使用中間運算子需要考慮順序

```
0
2
```

心智圖

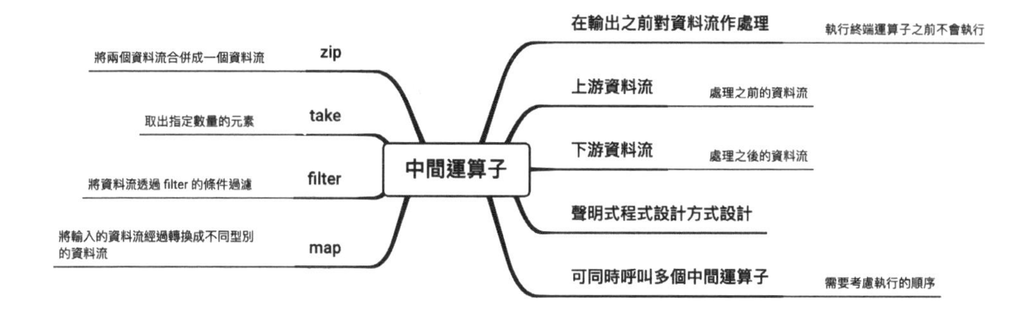

8-5 終端運算子（Terminal Operators）

前面的範例皆是透過 **collect** 函式將 Flow 內的元素執行後輸出，**collect** 函式是屬於終端運算子（Terminal Operators）的一種，而終端運算子除了 **collect** 函式外，還有其他的成員。與中間運算子不同的地方在於，1. 它一定是在 Flow 的最後呼叫。2. 不能與其他終端運算子混合使用。

下面將依序介紹終端運算子：

- collect
- single
- reduce
- fold

8-5-1 collect

有兩種 collect 函式，一種是有參數，另一種則是沒有參數的。

有參數的 collect 函式

```
inline suspend fun <T> Flow<T>.collect(crossinline action:
suspend (T) -> Unit)
```

collect() 只有一個參數：action: suspend(T) -> Unit，在呼叫 **collect()** 的時候可以同時執行帶入的 action。

如 Example 8-1，可以直接使用 **collect** 函式將 Flow 內的資料流執行後輸出。

```
fun main() = runBlocking {
    val flow = firstFlow()
    flow.collect { value -> println(value) }
}
```

無參數的 collect()

```
suspend fun Flow<*>.collect()
```

這個 **collect** 函式不需要帶任何的參數，也就是前面所使用第一種 collect 方式，但是帶入的 action 是空的，等同於 **collect{ }**，換句話說，我們忽略所有發射進資料流內的資料。

但是，如果資料流不在 **collect** 函式內處理，那我們該如何使用這個函式呢？

Flow 提供了三個函式 **onStart**、**onEach**、**onCompletion**。這幾個函式能夠在執行 **collect** 函式之前執行，它們也是中間運算子，將 Example 8-1 改成使用 **collect** 函式，並搭配 **onStart**、**onEach**、**onCompletion** 函式，而從結果得知，雖然資料流沒有在 **collect** 函式裡處理，但是我們可

以將我們需要執行的動作放在 **onEach** 函式內，若需要在執行前或執行後做某些事，則可以將動作分別寫在 **onStart** 及 **onCompletion** 函式內。

```
fun main() = runBlocking {
    val flow: Flow<Int> = firstFlow()

    flow.onStart { println("start") }
        .onEach { println(it) }
        .onCompletion { println("done") }
        .collect()
}
```

Example 8-12，collect()

```
start
0
1
2
3
4
5
6
7
8
9
done
```

我們看一下這幾個函式：

8-5-1-1 onStart()

```
public fun <T> Flow<T>.onStart(
  action: suspend FlowCollector<T>.() -> Unit
): Flow<T>
```

執行資料流時，無論 **onStart** 函式擺放的順序，它一定會在第一個執行，適合用在設定初始狀態。

將 Example 8-12 的 **onStart** 函式移到 **onCompletion** 函式後面，從結果我們可以發現，**onStart** 函式執行的動作一樣會在 Flow的最一開始就執行。

```
fun main() = runBlocking {
    val flow: Flow<Int> = firstFlow()

    flow.onEach { println(it) }
        .onCompletion { println("done") }
        .onStart { println("start") }
        .collect()
}
```

Example 8-13，將 onStart() 移到 onCompletion() 後

```
start
0
1
2
3
4
5
6
7
8
9
done
```

8-5-1-2 onCompletion

```
public fun <T> Flow<T>.onCompletion(
    action: suspend FlowCollector<T>.(cause: Throwable?) -> Unit
): Flow<T>
```

onCompletion 函式會在所有的動作執行完畢後才會執行，適合用來釋放資源。如同 **onStart()**，擺放的順序同樣也不會影響執行的順序。使用範例可以參考 Example 8-13。

onCompletion 函式的參數是 **action: suspend FlowCollector.(cause: Throwable?)**，表示在 **onCompletion** 函式裡面，有可能會收到由上游所拋出的例外；換句話說，當 Flow 裡面有例外的時候，就會將該例外送至 **onCompletion** 函式。我們可以在 **onCompletion** 函式內處理或是直接使用 catch 捕捉例外，Example 8-14，當 Flow 內有例外時，可以透過 **onCompletion** 函式將該例外重新拋出，在 **catch** 函式就能捕捉到新拋出的例外。

```
suspend fun names(): Flow<String> = flow {
    emit("Andy")
    emit("Aaron")
    emit("Jax")
    throw Error("something wrong")
    emit("Cody")
}

fun main() = runBlocking {
    val flow: Flow<String> = names()

    flow.onEach { println(it) }
        .onCompletion {
            it?.run {
                throw Error("rethrow error")
            }
        }.catch { println(it.message) }
        .collect()
}
```

Example 8-14，利用 onCompletion() 轉拋例外

```
Andy
Aaron
Jax
rethrow error
```

8-5-1-3 onEach

```
public fun <T> Flow<T>.onEach(action: suspend (T) -> Unit):
Flow<T>
```

它是用來遍訪每一個元素，而在執行完 **onEach** 函式內的動作之後，會將值再使用 **emit** 函式抛出去，所以 **onEach** 函式擺放的位置就會影響到它的結果。如 Example 8-15 及 Example 8-16，這兩段程式碼的 **onEach** 函式分別擺放在 **map** 函式的前後，最後的結果也因此不同。

```
fun main() = runBlocking {
    val flow = firstFlow()

    flow.onEach { println(it) }
        .map { it * 3 }
        .collect()
}
```

Example 8-15，onEach() 在 map 前方

```
0
1
2
3
4
5
6
7
8
9
```

```
fun main() = runBlocking {
    val flow = firstFlow()

    flow.map { it * 3 }
        .onEach { println(it) }
        .collect()
}
```

Example 8-16，onEach() 在 map 後方

```
0
3
6
9
12
15
18
21
24
27
```

8-5-2 single

collect 函式會取得所有在資料流的元素，**single** 函式則是相反，它只拿一個元素，如果 Flow 裡面沒有元素，會拋出 **NoSuchElementException**；如果元素超過 1 個，則會拋出 **IllegalStateException**。

```
suspend fun <T> Flow<T>.single(): T

data class ProgrammingLanguage(val name: String, val version: String)

fun main() = runBlocking {
    val programmingLanguage = flow {
        delay(100)
        emit(ProgrammingLanguage("Kotlin", "1.7.21"))
```

```
    }

    val value = programmingLanguage
        .map { it.name.uppercase() }
        .single()

    println(value)
}
```

Example 8-17，single()

```
KOTLIN
```

所以我們可以搭配 **take(1)** 來確保 Flow 裏面的元素只有一個。

```
fun main() = runBlocking {
    val value = firstFlow()
        .take(1)
        .single()

    println(value)
}
```

Example 8-18，take(1) 與 single() 搭配使用

```
0
```

8-5-3 reduce()、fold()

```
suspend fun <S, T : S> Flow<T>.reduce(operation: suspend (S, T)
-> S): S
```

```
inline suspend fun <T, R> Flow<T>.fold(initial: R, crossinline
operation: suspend (R, T) -> R): R
```

前面提到，Flow 是以 FP 的方式設計。在 FP，**reduce** 以及 **fold** 函式經常用來遞迴計算列表裡的值，這兩者的差異在於 **reduce** 沒有初始值，而 **fold** 需要一個初始值。

Example 8-19 使用 **reduce** 函式計算 **firstFlow()** 的總和，因為 **reduce** 函式沒有初始值，所以在第一次遞迴時，會將第一個元素放在 acc，第二個元素放在 value 欄位，我們在 **reduce** 函式裡面將這兩個值相加。從第二次遞迴開始，acc 就會從上一次的結果取得，value 則是從下一個還沒被計算到的值。完整的執行流程圖如圖 8-4，這邊就不贅述。

```
fun main() = runBlocking {
    val flow = firstFlow()

    val value = flow.reduce { acc, value ->
        println("acc: $acc, value: $value")
        acc + value
    }
    println("sum: $value")
}
```

Example 8-19，使用 reduce() 計算 Flow 總和

```
Flow started
acc: 0, value: 1
acc: 1, value: 2
acc: 3, value: 3
acc: 6, value: 4
acc: 10, value: 5
acc: 15, value: 6
acc: 21, value: 7
acc: 28, value: 8
acc: 36, value: 9
sum: 45
```

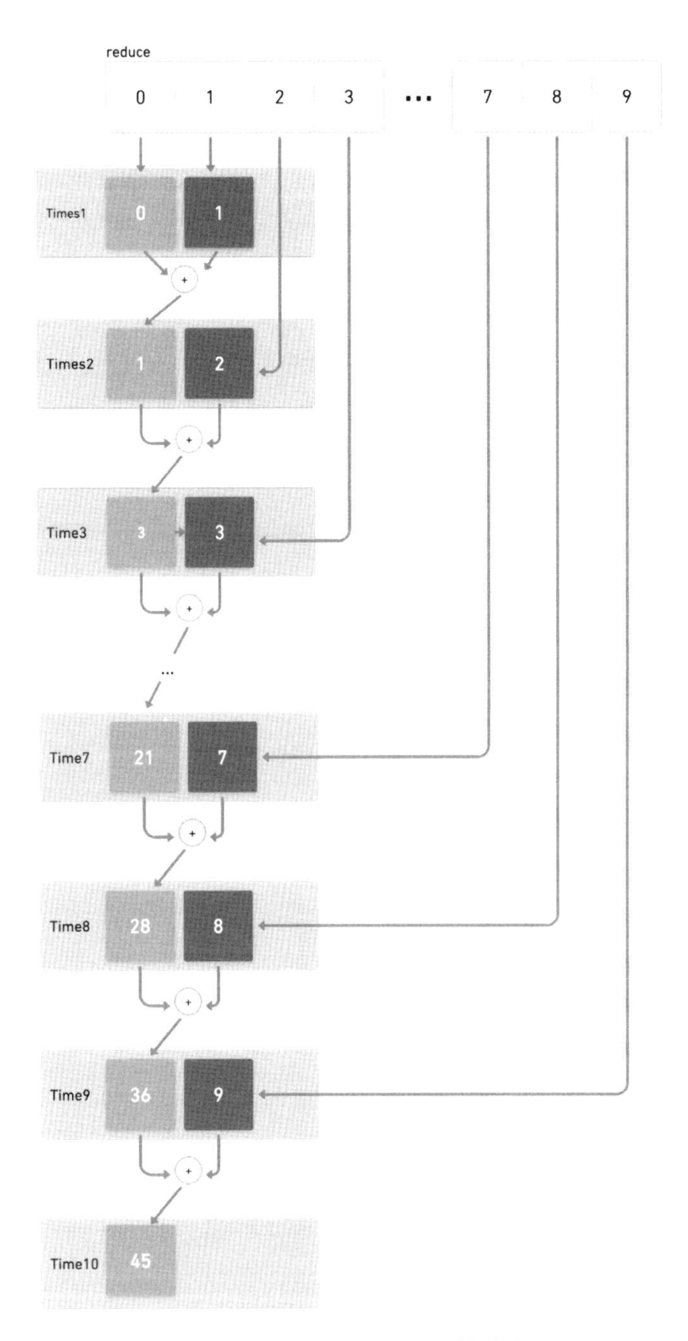

圖 8-4　使用 reduce() 計算總和

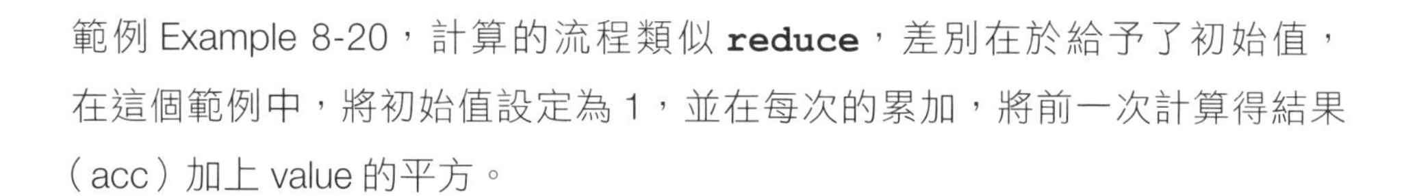

範例 Example 8-20，計算的流程類似 **reduce**，差別在於給予了初始值，在這個範例中，將初始值設定為 1，並在每次的累加，將前一次計算得結果（acc）加上 value 的平方。

所以第一次遞迴的 acc 以及 value，分別會是初始值 1 以及 Flow 的第一個值 0，將 1 加上 0 的平方後的答案作為第二次累加的 acc 值，所以第二次的累加，就會是將 1 加上 1 的平方，也就是 2，之後按照這個累加的方式計算，直到最後一個值為止，所以最後的結果就會是 286。值的更新變化可以參考下方的輸出結果：

```
fun main() = runBlocking {
    val flow = firstFlow()

    val value = flow.fold(1) { acc, value ->
        println("acc: $acc, value: $value")
        acc + value*value
    }
    println(value)
}
```

Example 8-20，使用 fold() 計算總和

```
acc: 1, value: 0
acc: 1, value: 1
acc: 2, value: 2
acc: 6, value: 3
acc: 15, value: 4
acc: 31, value: 5
acc: 56, value: 6
acc: 92, value: 7
acc: 141, value: 8
acc: 205, value: 9
286
```

心智圖

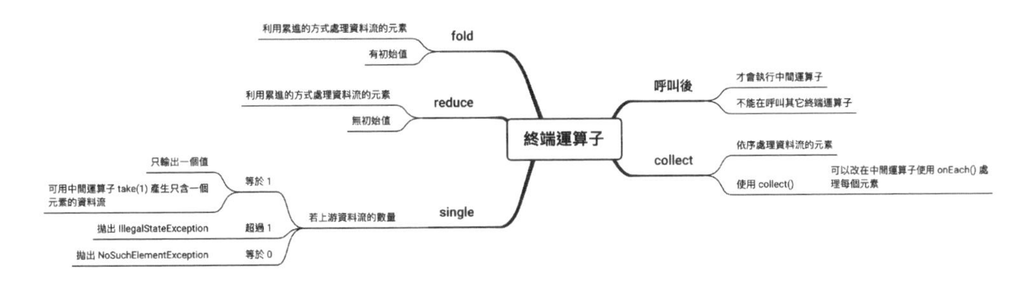

8-6 在不同執行緒執行

```
fun <T> Flow<T>.flowOn(context: CoroutineContext): Flow<T>
```

Coroutine 中，我們需要選擇不同的調度器來使用不同的執行緒 / 執行緒池，而 Flow 與 Coroutine 不同，它不是建立一個執行在某執行緒的作用域，取而代之的是，它可以在運算子中間使用 **flowOn** 函式將在該行函式以上的動作都在某調度器上執行，與 Coroutine 相同的是，當離開設定的範圍後，又會回到原本的執行緒上。

Example 8-21 裡的 **firstFlow()** 利用 **map** 函式把每一個元素乘以三倍，並在 **onEach** 函式使用 **println()** 將轉換過的值列印出來，在 **map** 與 **onEach** 函式之間，使用 **flowOn(Dispatchers.Default)** 讓 **map** 函式選擇預設調度器，而在 **onEach** 函式以後就會回復原本的執行緒（主執行緒）。

從結果得知，在 **flowOn** 函式上面的 **map** 函式的確都被切換到預設調度器中，而在 **flowOn** 函式之下的 **onEach** 以及 **onCompletion** 函式都是在主執行緒上執行。

```
fun main() = runBlocking {
    val flow: Flow<Int> = firstFlow()

    flow.map {
        println("map: $it, ${Thread.currentThread().name}")
        it * 3
    }.flowOn(Dispatchers.Default)
        .onEach { println("onEach: $it, ${Thread.currentThread().
name}") }
        .onCompletion { println("done, ${Thread.currentThread().
name}") }
        .collect()
}
```

Example 8-21，利用 flowOn() 選擇執行緒

```
map: 0, DefaultDispatcher-worker-1
onEach: 0, main
map: 1, DefaultDispatcher-worker-1
onEach: 3, main
map: 2, DefaultDispatcher-worker-1
onEach: 6, main
map: 3, DefaultDispatcher-worker-1
onEach: 9, main
map: 4, DefaultDispatcher-worker-1
onEach: 12, main
map: 5, DefaultDispatcher-worker-1
onEach: 15, main
map: 6, DefaultDispatcher-worker-1
onEach: 18, main
map: 7, DefaultDispatcher-worker-1
onEach: 21, main
map: 8, DefaultDispatcher-worker-1
onEach: 24, main
map: 9, DefaultDispatcher-worker-1
onEach: 27, main
done, main
```

心智圖

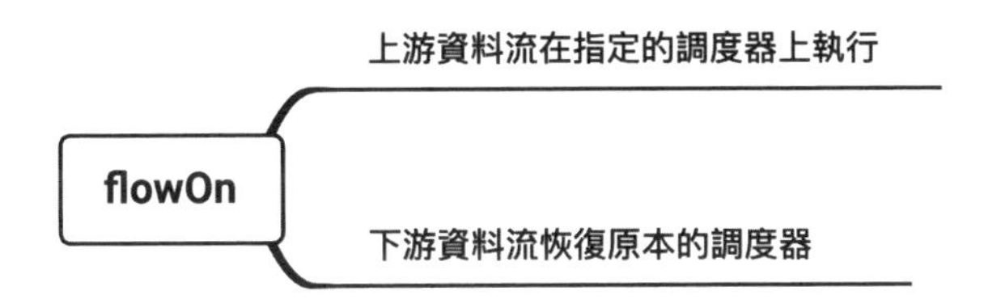

小結

Flow 將非同步任務轉換成資料流，只有在呼叫終端運算子的時候才會執行其任務，這種延後執行的方式與 Channel 不同，所以 Flow 也稱為 Cold Flow，而 Channel 稱為 Hot Channel。

在呼叫終端運算子之前，我們可以使用一個或多個中間運算子預先處理資料流，等到實際呼叫終端運算子後，就會按照順序來執行。且因為 Flow 是以聲明式程式設計的方式設計，中間運算子、終端運算子將低階的實現封裝起來，所以我們只需要使用高階函式就能夠達到我們需要實現的結果；換句話說，只考慮怎麼使用，而不是如何實作。

中間運算子：

- **`map`**：將上游的資料流經過 **`map`** 函式轉換之後，轉換成相同數量但型別不同的資料。
- **`filter`**：將上游的資料流經過 **`filter`** 函式後，把通過篩選條件的資料留下來。
- **`take`**：將上游的資料流按照輸入 **`take`** 函式的整數保留相對的個數。
- **`zip`**：將兩組資料流組合起來。

- **onStart** 及 **onComplete**：若某些動作一定要在開始或結束的時候執行，例如初始化及釋放資源…等等，可以將這些這動作放在 **onStart** 或 **onComplete** 函式內，如它們的名稱一樣，**onStart** 一定會資料流的開始執行，而 **onComplete** 則是會在資料流的結束執行。
- **onEach**：將資料流內的元素一個一個處理，與終端運算子 collect 不同，處理後的資料流還會繼續往下由傳遞。

終端運算子：

- **collect**：將上游的資料流在 **collect** 函式內一個一個處理。
- **single**：將上游的資料流最終只輸出一個結果。需要注意的是，如果傳進來的資料流有多個元素時將會拋出 **IllegalStateException**，若沒有包含元素，則會拋出 **NoSuchElementException**。
- **reduce**：利用累進的方式處理資料流的元素。
- **fold**：與 **reduce** 相同，都是用累進的方式處理資料流的元素，但與 reduce 不同，需要提供一個初始值。

Flow 如同 Coroutine 都能夠在執行的時候輕易的切換執行緒，與 Coroutine 相同的是，都是使用不同的調度器來選擇不同的執行緒，但是差異在於，如果要在 Flow 裡面選擇不同的調度器，我們只要在要切換的函式底下加上 **flowOn** 函式即可，呼叫終端運算子之後，就會把在 flowOn() 上方的函式都在設定好的執行緒上執行，而在 **flowOn** 函式之下就會回到原本的執行緒上。

Chapter

9

Coroutine 的單元測試

本章目標

- 在單元測試內使用 runTest
- 讓類別從外部注入調度器
- 使用測試調度器
- 將 Dispatcher.Main 替換成測試調度器

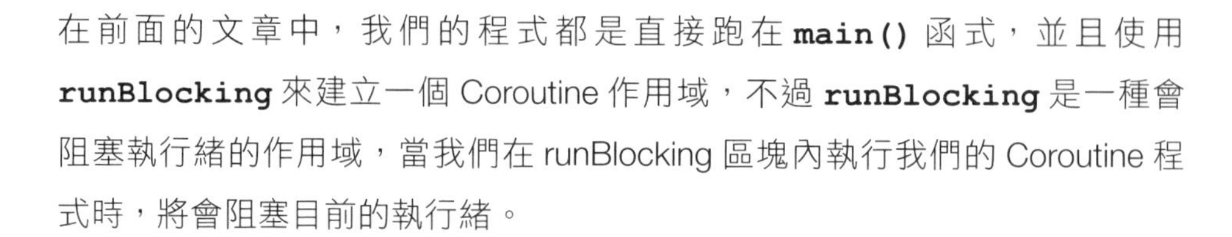

在前面的文章中，我們的程式都是直接跑在 **main()** 函式，並且使用 **runBlocking** 來建立一個 Coroutine 作用域，不過 **runBlocking** 是一種會阻塞執行緒的作用域，當我們在 runBlocking 區塊內執行我們的 Coroutine 程式時，將會阻塞目前的執行緒。

不過這跟測試有什麼關係呢？

如果我們在測試的程式碼中，直接使用 **runBlocking** 來呼叫我們的 suspend 函式，且在這些 suspend 函式內如果有像是 **delay** 函式會暫停目前 Coroutine 的函式，那就會真的需要耗費那麼長的時間，這麼一來，就會影響我們執行測試的時間。

另外，我們會使用 **Dispatcher.Main** 讓 Coroutine 在主執行緒上執行，要使用 **Dispatcher.Main** 則需要依據不同的平台加入不同的函式庫，不過只能在正式的環境下使用，在單元測試的環境下則無法，因為單元測試的環境與正式的環境不太相同。例如：Android 的主執行緒只存在於 Android 環境下，所以在單元測試的環境底下，會無法使用 Android 的主執行緒，因為是使用本機的 JVM 環境而不是 Android 環境。

9-1 kotlinx-coroutines-test

Kotlin Coroutine 提供了一個用於測試的函式庫，要使用 Coroutine 測試相關的函式，需要在 **build.gradle.kts** 將相依套件加入至專案內：

```
dependencies {
  testImplementation('org.jetbrains.kotlinx:kotlinx-coroutines-
test:1.6.4')
}
```

9-2 runTest

在底下的 Example 9-1 裡，UserRepo 類別裡有一個名為 **fetchUserName** 的 suspend 函式，我們使用 **withTimeout** 函式限制呼叫的時間，當執行的時間沒有超過 1000 毫秒，我們便可以將取得的值回傳；反之，**withTimeout** 就會拋出 **TimeoutCancellationException**。而為了方便測試，我們將取值的 Service 注入，而不是在類別中建立。

```
class UserRepo {
    suspend fun fetchUserName(service: Service, id: Int = 0): String {
        return try {
            val name = withTimeout(1000) {
                service.getName(id)
            }
            name
        } catch (e: TimeoutCancellationException) {
            "fail"
        }
    }
}
```

Example 9-1，UserRepo 類

其中，Service 是一個簡單的介面，內含一個 suspend 函式：**getName**。

```
interface Service {
    suspend fun getName(id: Int): String
}
```

fetchUserName 函式有兩個部分需要被測試：一個是沒有超時；另一個則是超時的情況。我們可以讓注入的 Service 依照我們的需求給定預期的結果。

在 **UserRepoTest** 內，我們使用 **runBlocking** 執行 Coroutine 測試程式碼。

```
internal class UserRepoTest {
    private var userRepo: UserRepo = UserRepo()

    @Test
    internal fun 'fetchUserName success should return done'() =
runBlocking {
        assertEquals("done", userRepo.
fetchUserName(FakeService()))
    }

    @Test
    internal fun 'fetchUserName timeout should return fail'() =
runBlocking {
        assertEquals("fail", userRepo.fetchUserName(FakeService(i
sTimeOut = true)))
    }
}
```

Example 9-2，UserRepoTest - runBlocking

Example 9-2 裡 **FakeService** 的程式碼如下，可以依照需求呼叫 **delay** 函式，若 **isTimeOut** 為 **true** 時，表示 FakeService 的 **getName()** 會超時，所以我們在函式的內部加上 **delay(2000)**；反之則否。

```
class FakeService(private val isTimeOut: Boolean = false) : Service {
    override suspend fun getName(id: Int): String {
        if (isTimeOut) {
            delay(2000)
        }
        return "done"
    }
}
```

從圖 9-1 的結果來看，因為成功的情況沒有呼叫 **delay** 函式，所以只需要花費 82 毫秒即可完成；但是，由於超時的情況會需要呼叫 **delay** 函式，所以測試執行的時間就會花的比較長：1.076 秒。

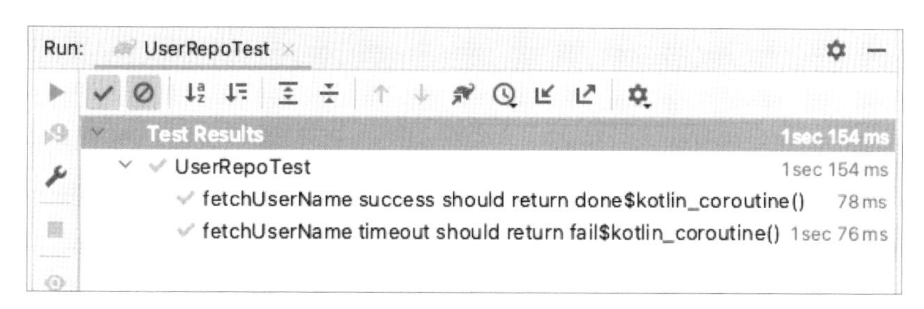

圖 9-1 使用 runBlocking 測試 Coroutine

在 **kotlinx-coroutines-test** 中，提供了 **runTest** 函式，用來在測試環境中執行 suspend 函式，並且忽略 **delay** 函式。

將 Example 9-2 裡的 **runBlocking** 替換成 **runTest**，重新測試這兩個測試項目。

```
internal class UserRepoTest {
    private var userRepo: UserRepo = UserRepo()

    @Test
    internal fun 'fetchUserName success should return done'() =
runTest {
        assertEquals("done", userRepo.fetchUserName(FakeService()))
    }

    @Test
    internal fun 'fetchUserName timeout should return fail'() =
runTest {
        assertEquals("fail", userRepo.fetchUserName(FakeService(i
sTimeOut = true)))
    }
}
```

Example 9-3，使用 runTest 測試 Coroutine

原本需要花費 1 秒多的測試，將 **`runBlocking`** 替換成 **`runTest`** 後，可以發現只需不到 200 毫秒就可以完成，其中超時的測試案例只需 40 毫秒就可完成，如此一來，當我們的 suspend 函式有呼叫 **`delay`** 函式時，就會被忽略，直接走到下一步，Coroutine 的單元測試就可以變得更快。

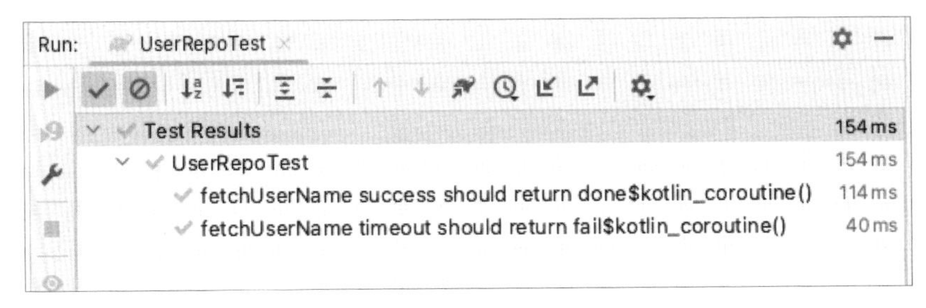

圖 9-2　使用 runTest 測試 Coroutine

心智圖

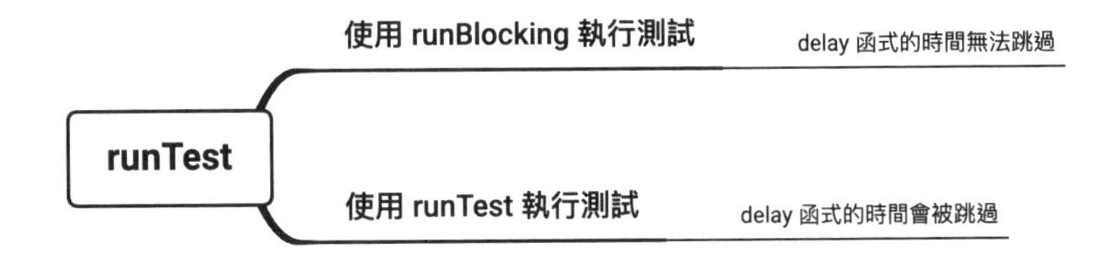

9-3 調度器

9-3-1 StandardTestDispatcher

我們會依照任務的需求，來選擇不同的調度器，讓任務在適當的執行緒上執行，不過若我們把調度器寫死在程式碼裡，就會失去測試的彈性，因為在 Coroutine 的測試當中，會建立測試專用的調度器，若要讓 suspend 函式能更容易被測試，可將調度器改從外部注入。

我們在 **UserRepo** 內加入一個新的函式：**saveUser**，這個函式是用來儲存使用者，會需要讓這個任務在背景執行。所以我們利用 **withContext (Dispatchers.Default)** 將任務包起來，在 **withContext** 區塊內的函式就能夠在指定的調度器（預設調度器 - **Dispatchers.Default**）上執行。

```
suspend fun saveUser(id: Int, name: String) {
    withContext(Dispatchers.Default) {
        service.saveUser(id, name)
    }
}
```

因為在 **UserRepo** 中，目前已經有兩個函式需要使用 Service，所以將 Service 搬到 **UserRepo** 的建構式，讓這兩個函式都使用建構式帶入的 Service。

```
class UserRepo(private val service: Service) {
    suspend fun fetchUserName(id: Int = 0): String {
        return try {
            val name = withTimeout(1000) {
                service.getName(id)
            }
            name
        } catch (e: TimeoutCancellationException) {
            "fail"
        }
    }

    suspend fun saveUser(id: Int, name: String) {
        withContext(Dispatchers.Default) {
          service.saveUser(id, name)
        }
    }

    fun getUsers(): List<User>{
       return service.getUsers()
    }
}
```

UserRepo 新增 **saveUser**、**getUsers** 後，同時 Service 介面也需要增加 **saveUser** 及 **getUsers** 兩個函式：

```
interface Service {
    suspend fun getName(id: Int): String
    suspend fun saveUser(id: Int, name: String)
    fun getUsers(): List<User>
}
```

下方的 Example 9-4，我們想知道在單元測試裡，測試呼叫 **userRepo.saveUser** 是否能夠得到正確的結果，步驟如下：

1. 新增一個使用者 Andy。
2. 呼叫 **UserRepo** 的 **getUsers** 函式，並使用 **size** 取得其大小。
3. 比對大小是否為 1。

```
internal class UserRepoTest {
    lateinit var userRepo: UserRepo
    ...

    @DisplayName("saveUser")
    @Nested
    inner class SaveUser {

        @BeforeEach
        internal fun setUp() {
            userRepo = UserRepo(FakeService())
        }

        @Test
        internal fun 'add 1 user should return users size 1'() =
runTest {
```

```
            userRepo.saveUser(1, "Andy")
            assertEquals(1, userRepo.getUsers().size)
        }
    }
}
```

Example 9-4，測試含有 withContext 的 suspend 函式

假設呼叫 **saveUser** 函式會需要 100 毫秒，將 **FakeService** 改成：

```
class FakeService(private val isTimeOut: Boolean = false) : Service {
    private val users = mutableListOf<User>()
    override suspend fun getName(id: Int): String {
        if (isTimeOut) {
            delay(2000)
        }
        return "done"
    }

    override suspend fun saveUser(id: Int, name: String) {
        delay(100)
        users.add(User(id, name))
    }

    override fun getUsers(): List<User> {
        return users
    }
}
```

執行後，共花費了 249 毫秒完成這個測試，其原因是因為使用 **withContext (Dispatchers.Default)** 時，是真的切換至預設調度器中，所以我們的任務也會需要等到任務完成才會返回；也就是說，不會忽略 **delay** 函式。

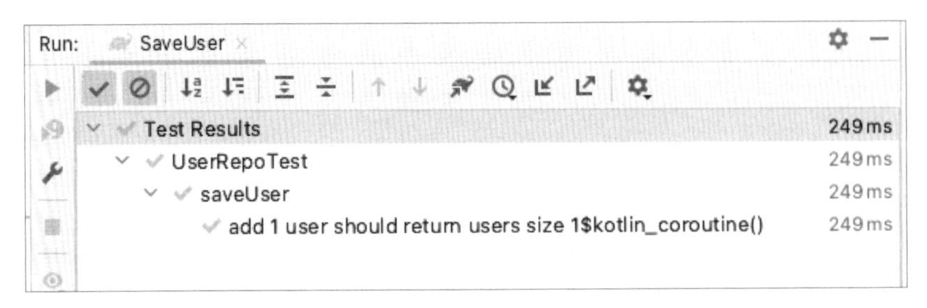

圖 9-3　suspend 函式內使用 withContext(Dispatchers.Default)

在本小節開頭有提到，我們不應將調度器寫死在程式裡，而是改用注入的方式使用不同的調度器，修改 **UserRepo** 的建構式改成讓 **CoroutineDispatcher** 作為參數輸入，並讓 **saveUser** 使用建構式帶入的調度器（如果沒帶入就用預設調度器）：

```
class UserRepo(
    private val service: Service,
    private val dispatcher: CoroutineDispatcher = Dispatchers.Default
) {
    ...
    suspend fun saveUser(id: Int, name: String) {
        withContext(dispatcher) {
            service.saveUser(id, name)
        }
    }
}
```

同時 **UserRepoTest** 也將測試用的調度器 **StandardTestDispatcher** 傳入 **UserRepo** 中：

```
internal class UserRepoTest {
    lateinit var userRepo: UserRepo
    ...

    @DisplayName("saveUser")
    @Nested
```

```
    inner class SaveUser {
        private val dispatcher: TestDispatcher = StandardTestDispatcher()

        @BeforeEach
        internal fun setUp() {
            userRepo = UserRepo(FakeService(), dispatcher)
        }

        @Test
        internal fun 'add 1 user should return users size 1'() =
runTest {
            userRepo.saveUser(1, "Andy")
            assertEquals(1, userRepo.getUsers().size)
        }
    }
}
```

重新執行測試，會發現錯誤：

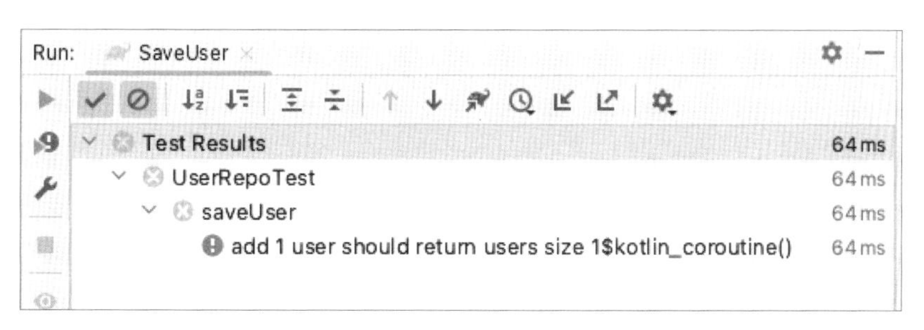

圖 9-4　使用注入的調度器，測試會失敗

從錯誤訊息可以發現，錯誤的原因是同時有兩個測試調度器被使用。

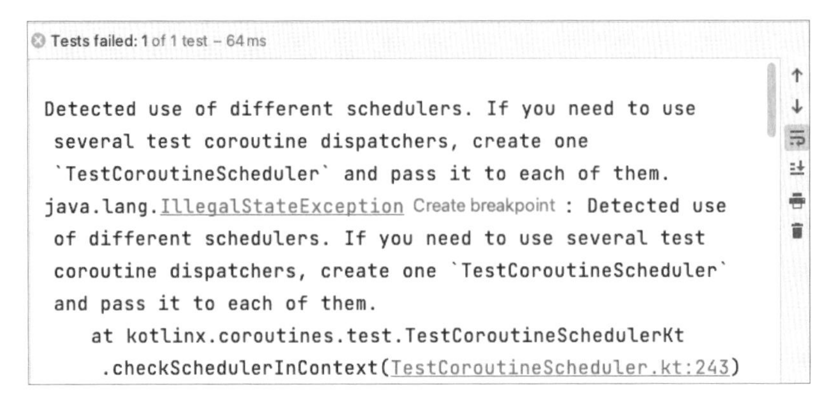

圖 9-5　單元測試偵測到有兩個測試調度器

這是為什麼呢？因為使用 **runTest** 建立測試區塊時，同時也會建立一個測試調度器，加上我們額外建立的，就會有兩個測試調度器。

解決方法 1：將新建的測試調度器注入 runTest

```
@Test
internal fun 'add 1 user should return users size is equal to
1'() = runTest(dispatcher){
    userRepo.saveUser(1, "Andy")
    assertEquals(1, userRepo.getUsers().size)
}
```

解決方法 2：將 runTest 產生的 testScheduler 傳入測試調度器

```
@Test
internal fun 'add 1 user should return users size is equal to 1
by using test dispatcher'() = runTest {
    val dispatcher: TestDispatcher = StandardTestDispatcher(testS
cheduler)

    userRepo = UserRepo(FakeService(), dispatcher)
    userRepo.saveUser(1, "Andy")

    assertEquals(1, userRepo.getUsers().size)
}
```

圖 9-6　將測試調度器注入 runTest，即可通過測試

比對使用測試調度器與使用預設調度器的測試時間，可以發現使用測試調度器的執行時間比較少，這也是 9-2 節所提到的：因為 **runTest** 會忽略 **delay** 函式的效果，因此能以較短的時間測試目標類別裡的邏輯。

9-3-2　UnconfinedTestDispatcher

除了 **StandardTestDispatcher**，在 **kotlinx-coroutine-test** 中，包含了另外一個測試調度器 - **UnconfinedTestDispatcher**。

UnconfinedTestDispatcher 與 **StandardTestDispatcher** 主要的差異在於，一、前者會保證執行的順序，二、如同 **Dispatcher.Unconfined**，它不會固定使用特定的執行緒，而是會依照需求來切換，換句話說，在 **UnconfinedTestDispatcher** 測試調度器的範圍內，若我們沒有使用 **delay**、**yield**…等 suspend 函式時，就不會切換目前的執行緒。

我們修改前面所建立 Service 介面、UserRepo 類別：

1. 假設 Service 介面內的 **getUsers** 函式是呼叫遠端 API，所以更改 UserRepo 的 **getUsers** 函式為 suspend 函式。
2. UserRepo 內的 **saveUser** 直接呼叫由 Service 提供的 **saveUser** 函式，在這邊不使用 **withContext** 切換成不同的執行緒，因為等等測試的時候會自行使用 **launch** 建立一個 Coroutine 作用域。

```kotlin
interface Service {
    suspend fun getName(id: Int): String
    suspend fun saveUser(id: Int, name: String)
    suspend fun getUsers(): List<User>
}


class UserRepo(
    private val service: Service,
    private val dispatcher: CoroutineDispatcher = Dispatchers.Default
) {
    ...
    suspend fun saveUser(id: Int, name: String) {
       service.saveUser(id, name)
    }

    suspend fun getUsers(): List<User> {
       return service.getUsers()
    }
    ...
}
```

UserRepo.kt

```kotlin
class FakeService(private val isTimeOut: Boolean = false) : Service {
    private val users = mutableListOf<User>()
    ...
    override suspend fun saveUser(id: Int, name: String) {
         delay(100)
         users.add(User(id, name))
    }

    override suspend fun getUsers(): List<User> {
       delay(100)
       return users
    }
    ...
}
```

FakeService.kt

在 UserRepoTest.kt 中，新增一測試項目，使用 **launch** 建立多個 Coroutine 作用域，測試是否能正確的儲存。

步驟如下：

1. 在 **runTest** 裡面使用 **launch** 建立兩個 Coroutine，並在這兩個 Coroutine 中，呼叫 **UserRepo** 類別的 **saveUser** 函式儲存使用者資訊。
2. 使用 **getUsers** 函式查看兩個使用者是否都有被儲存起來。

測試結果是失敗，我們在 **getUsers** 前呼叫 **saveUser** **兩**次，所以期待的數值是 2，但是返回的結果卻是 0。為什麼會是這樣的結果呢？我們知道，使用 **launch** 建立 Coroutine 作用域的時候，這個新建的 Coroutine 會被建立成巢狀的形式，而 Coroutine 是從外至內，由上至下的順序執行；換句話說，因為 **launch** 的關係，所以 **launch** 內的函式就會比外層的還要晚被執行。

```
internal class UserRepoTest {
    @Test
    internal fun 'getUsers() should return 2 when add 2 users'()
= runTest {

        launch { userRepo.saveUser(1, "Andy") }
        launch { userRepo.saveUser(2, "Alex") }

        assertEquals(2, userRepo.getUsers().size)
    }
}
```

Example 9-5，runTest 內使用 launch 建立 Coroutine 作用域，測試會失敗

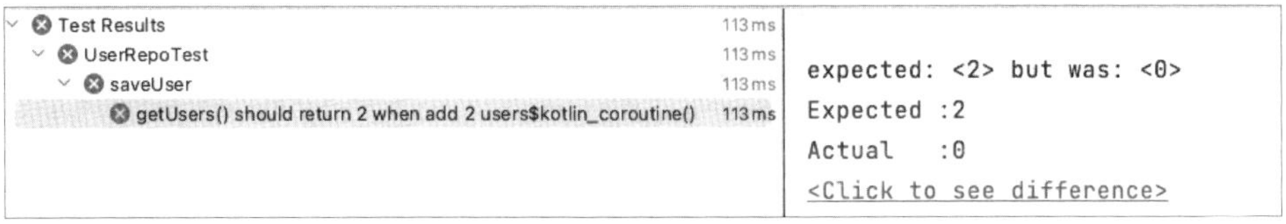

```
Test Results                                                   113ms
  UserRepoTest                                                 113ms
    saveUser                                                   113ms
      getUsers() should return 2 when add 2 users$kotlin_coroutine()  113ms

expected: <2> but was: <0>
Expected :2
Actual   :0
<Click to see difference>
```

圖 9-7　Example 9-5 測試失敗

若是將測試調度器改成 **UnconfinedTestDispatcher**，測試的順序就會按照由上至下的順序執行。

將上面的測試改成使用 **UnconfinedTestDispatcher** 並且再測試一次。這次，我們就能得到正確的值。

```
@Test
internal fun 'getUsers() should return 2 when add 2 users by
using UnconfinedTestDispatcher'() = runTest {
    val unconfinedTestDispatcher = UnconfinedTestDispatcher(testS
cheduler)
    userRepo = UserRepo(FakeService(), unconfinedTestDispatcher)

    launch(unconfinedTestDispatcher) { userRepo.saveUser(1, "Andy") }

    launch(unconfinedTestDispatcher) { userRepo.saveUser(2, "Alex") }

    assertEquals(2, userRepo.getUsers().size)
}
```

Example 9-6，用 UnconfinedTestDispatcher 調度器測試

圖 9-8　將 Example 9-5 改成使用 UnconfinedTestDispatcher 就測試成功

不過，如果在 **launch** 內部呼叫 **delay** 函式，那麼該 Coroutine 就會被暫停，而 Coroutine 的執行權就會交由下一個 Coroutine 來執行，最後的結果就會不正確。

```
@Test
internal fun 'getUsers() should return 2 when add 2 users'() =
runTest {
```

```
    val unconfinedTestDispatcher = UnconfinedTestDispatcher(testS
cheduler)
    userRepo = UserRepo(FakeService(), unconfinedTestDispatcher)

    launch(unconfinedTestDispatcher) {
        delay(100) //<- 加入此行會導致測試失敗
        userRepo.saveUser(1, "Andy")
    }

    launch(unconfinedTestDispatcher) { userRepo.saveUser(2, "Alex") }

    assertEquals(2, userRepo.getUsers().size)
}
```

Example 9-7，加入 delay 函式會改變執行流程，導致測試失敗

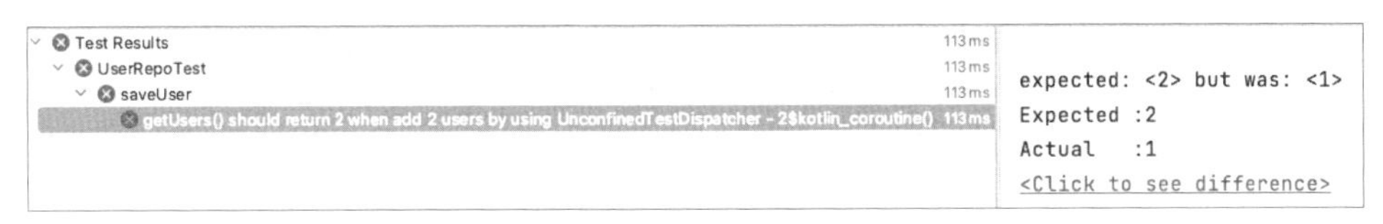

圖 9-9　Example 9-7 會失敗

所以使用 **UnconfinedTestDispatcher** 時，需要特別注意，不是一定會按照上至下的順序執行，當遇到 suspend 函式時，就會切換到其它的 Coroutine 作用域內。

9-3-3　advanceUntilIdle、runCurrent 函式

前一小節使用 **UnconfinedTestDispatcher** 讓測試的程式碼能夠按照上至下的順序執行，不過同時這也是它的缺點，它與我們原本執行的順序不同，也就是說不會按照 Coroutine 的結構順序來執行，所以我們就沒有辦法測試並行的程式碼。

那麼，如果我們要繼續使用 **StandardTestDispatcher**，我們可以怎麼做呢？在 **StandardTestDispatcher** 裡面有一個用來控制執行順序的屬性 - testScheduler，在這裡面包含了用來跳過暫停時間的 advanceUntilIdle 函式。我們只需要在斷言的前面加上 **advcnaceUntilIdle()**，那麼在這之前的任務只有在執行完成後才會往下執行。

```
@Test
internal fun 'getUsers() should return 2 when add 2 users by
using StandardTestDispatcher'() = runTest {
    val testDispatcher = StandardTestDispatcher(testScheduler)
    userRepo = UserRepo(FakeService(), testDispatcher)

    launch(testDispatcher) { userRepo.saveUser(1, "Andy") }

    launch(testDispatcher){ userRepo.saveUser(2, "Alex") }

    advanceUntilIdle() // <- 加入此行
    assertEquals(2, userRepo.getUsers().size)
}
```

Example 9-8，加入 advanceUntilIdle() 讓任務完成再繼續

圖 9-10　加入 advanceUntilIdle() 讓 Example 9-5 測試成功

使用 **advanceUntilIdle** 的好處，除了可以維持原本的執行順序之外，在 **launch** 裡面呼叫 delay 函式也不會造成測試失敗。因為會等到前面的任務都結束才會往後執行。

除了 **advanceUntilIdle** 之外，在這邊也可以使用 **runCurrent** 函式。與 **advanceUntilIdle** 一樣，都是包含在 **testScheduler** 裡面的項目，使用 **runCurrent** 替換 **advanceUntilIdle** 函式，可以得到同樣的結果。

```
@Test
internal fun 'getUsers() should return 2 when add 2 users by
using StandardTestDispatcher - runCurrent'() = runTest {
    val testDispatcher = StandardTestDispatcher(testScheduler)
    userRepo = UserRepo(FakeService(), testDispatcher)

    launch(testDispatcher) { userRepo.saveUser(1, "Andy") }

    launch(testDispatcher) { userRepo.saveUser(2, "Alex") }

    runCurrent() // <- 加入此行
    assertEquals(2, userRepo.getUsers().size)
}
```

Example 9-9，加入 runCurrent() 執行延後執行的任務

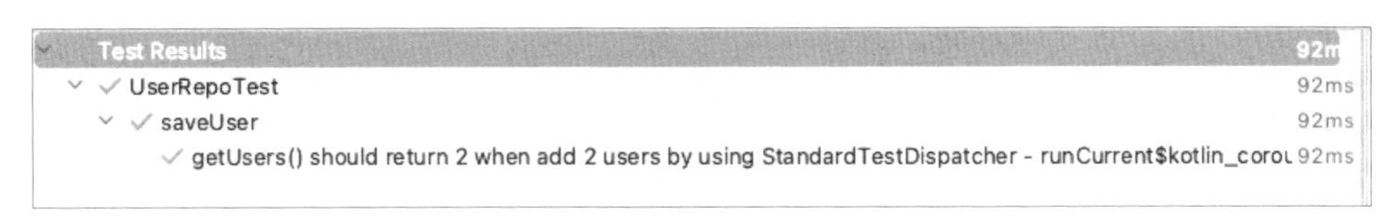

圖 9-11　加入 runCurrent() 讓 Example 9-5 測試成功

使用 **StandardTestDispatcher** 雖然執行的順序可以按照預期的執行順序執行，不過若是遇到 **launch** 區塊，就可能會需要加上適當的函式才可以正常的執行，如上面介紹的 **advanceUntilIdle** 或是 **runCurrent** 函式，雖然可以解決，但是測試的程式碼需要呼叫額外的函式，有點不太方便，是不是有其他的方法可以避免這種情況呢？

Example 9-10，將 UserRepo 裡的 **getUsers** 函式的內容修改一下（將名稱改為 **fetchUsers**），我們就可以不加上這兩個函式也能夠正常的執行。

同樣是透過 Service 的 **getUsers** 函式取值，不同的是，我們在 UserRepo 的 **fetchUsers** 函式中，利用 **async** 來取得這個 suspend 函式的值，我們知道，**async** 的回傳型別是 **Deferred**，呼叫 **Deferred** 裡的 **await**，就能夠在產生結果之後才回傳。換句話說，在單元測試的程式碼中，就不需考慮結果是否取得，因為只有在取得結果的時候才會回傳。如此一來，單元測試的程式碼就能夠更簡單、直覺。

```
suspend fun fetchUsers(): List<User> = coroutineScope {
    val user = async(dispatcher) {
        service.getUsers()
    }
    return@coroutineScope user.await()
}

@Test
internal fun 'fetchUsers() should return 2 when add 2 users by
using StandardTestDispatcher'() =
    runTest {
        val testDispatcher = StandardTestDispatcher(testScheduler)
        userRepo = UserRepo(FakeService(), testDispatcher)

        launch(testDispatcher) { userRepo.saveUser(1, "Andy") }
        launch(testDispatcher) { userRepo.saveUser(2, "Alex") }

        assertEquals(2, userRepo.fetchUsers().size)
    }
```

Example 9-10，修改 getUsers()，讓取完值後再回傳

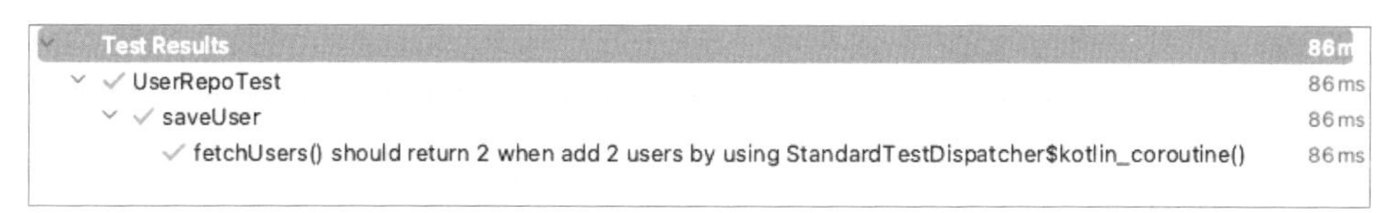

圖 9-12　Example 9-10 的結果

心智圖

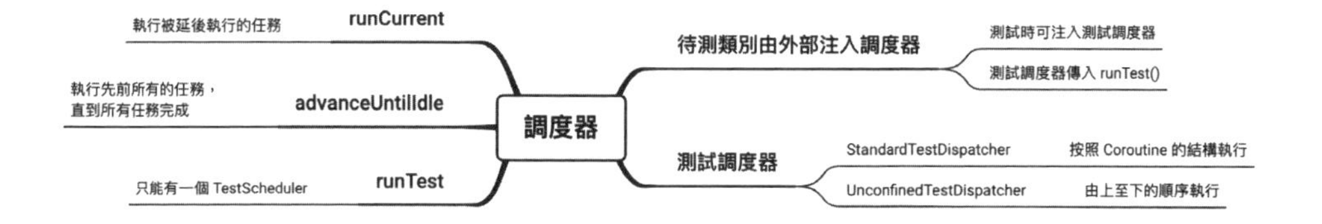

9-4 在主執行緒上測試

在使用 Coroutine 時，會使用 **Dispatcher.Default** 或 **Dispatcher.IO** 把任務放在背景執行緒執行，並在任務結束後，利用 **Dispatcher.Main** 將執行緒切回成主執行緒。但是 **Dispatcher.Main** 是一個特殊的調度器，不同平台可能會使用不同的執行緒，如 Android 的主執行緒就與 JS 的意義不同，所以為了使用不同平台上的主執行緒，我們需要在不同平台上加入不同的函式庫。不同的函式庫雖然解決了在不同平台上使用主執行緒的問題，不過單元測試上的問題並沒有解決，例如在 Android 的程式碼上執行單元測試，執行單元測試時是在本機端的 JVM 環境上執行，而不是 Android 環境上執行，換句話說，主執行緒不存在，所以沒有辦法使用。那麼，我們該如何測試包含 **Dispatcher.Main** 的程式碼呢？

在這邊以 Android 上的單元測試為範例，有一個 **BmiViewModel** 類別，在這個 ViewModel 類別裡包含了一個 **StateFlow<BMI>**，其中 BMI 包含了身高和體重兩個屬性。當我們呼叫 **BmiViewModel** 裡的 **fetchBMI** 函數時，就會從 **BodyInformationRepository** 取得身高與體重這兩個屬性，不過由於這兩個屬性可能儲存在遠端，所以存取的函式是 suspend 函式。

所以測試流程如下，先呼叫 **BmiViewModel** 的 **addHeightAndWeight** 函式，將身高與體重儲存起來，接著呼叫 **BmiViewModel** 的 **fetchBMI** 函式更新 **StateFlow<BMI>** 的值。所以在 **BmiViewModelTest** 的執行流程會是：

1. 將身高體重儲存起來：**bmiViewModel.addHeightAndWeight (170,70)**
2. 取得 BMI：**bmiViewModel.fetchBMI()**
3. 判斷結果是否正確：**assertEquals(BMI(170, 70), bmiViewModel.bmi.value)**

最後別忘了，因為要等任務完成才能繼續執行，所以要在斷言之前加上 **advanceUntilIdle** 函式，讓步驟 1、2 完成之後才繼續往下執行斷言。詳細的程式碼請參考下方的 BmiViewModelTest.kt。

執行測試後，會出現例外，如圖 9-13，這表示因為 **Dispatcher.Main** 無法在 JVM 的環境下使用，所以無法繼續執行。

```
class BmiViewModel(
    private val repo: BodyInformationRepository,
    private val ioDispatcher: CoroutineDispatcher = Dispatchers.IO,
) : ViewModel() {

    private val _bmi: MutableStateFlow<BMI> = MutableStateFlow(BMI(0, 0))
    val bmi: StateFlow<BMI> = _bmi

    fun fetchBMI() {
        viewModelScope.launch {
            val calculateBMIUseCase =
                            CalculateBMIUseCase(repo,ioDispatcher)
            _bmi.value = calculateBMIUseCase()
        }
    }

    fun addHeightAndWeight(height: Int, weight: Int) {
        viewModelScope.launch {
            repo.setHeight(height)
            repo.setWeight(weight)
        }
    }
}
```

BmiViewModel.kt

```
class CalculateBMIUseCase(
    private val repo: BodyInformationRepository,
    private val ioDispatcher: CoroutineDispatcher = Dispatchers.IO,
) {
```

```
    suspend operator fun invoke(): BMI = coroutineScope {
        val height = async(ioDispatcher) { repo.getHeight() }
        val weight = async(ioDispatcher) { repo.getWeight() }

        BMI(
            height.await(),
            weight.await()
        )
    }
}
```

CalculateBMIUseCase.kt

```
data class BMI(val height: Int, val weight: Int) {
    operator fun invoke(): Double = weight / (height / 100.0).pow(2)
}
```

BMI.kt

```
@OptIn(ExperimentalCoroutinesApi::class)
internal class BmiViewModelTest {

    @Test
    internal fun bmi() = runTest {
        val repo = FakeBodyInformationRepository()
        val testDispatcher = StandardTestDispatcher()

        val bmiViewModel = BmiViewModel(repo, testDispatcher)
        bmiViewModel.addHeightAndWeight(170, 70)
        bmiViewModel.fetchBMI()

        advanceUntilIdle()

        assertEquals(BMI(170, 70), bmiViewModel.bmi.value)
    }
}
```

BmiViewModelTest.kt

```
Tests failed: 1 of 1 test – 60 ms
Exception in thread "Test worker @coroutine#1" java.lang.IllegalStateException Create breakpoint :
 Module with the Main dispatcher had failed to initialize. For tests Dispatchers.setMain from
 kotlinx-coroutines-test module can be used
    at kotlinx.coroutines.internal.MissingMainCoroutineDispatcher.missing(MainDispatchers.kt:118)
    at kotlinx.coroutines.internal.MissingMainCoroutineDispatcher.isDispatchNeeded(MainDispatchers
    .kt:96)
    at kotlinx.coroutines.internal.DispatchedContinuationKt.resumeCancellableWith
     (DispatchedContinuation.kt:319)
    at kotlinx.coroutines.intrinsics.CancellableKt.startCoroutineCancellable(Cancellable.kt:30)
    at kotlinx.coroutines.intrinsics.CancellableKt.startCoroutineCancellable$default(Cancellable
     .kt:25)
    at kotlinx.coroutines.CoroutineStart.invoke(CoroutineStart.kt:110)
    at kotlinx.coroutines.AbstractCoroutine.start(AbstractCoroutine.kt:126)
    at kotlinx.coroutines.BuildersKt__Builders_commonKt.launch(Builders.common.kt:56)
    at kotlinx.coroutines.BuildersKt.launch(Unknown Source)
```

圖 9-13　無法使用 Main 調度器

參照例外的描述，我們使用 **setMain** 來將測試流程裡的 **Dispatcher.Main** 替換成測試用的調度器 - **StandardTestDispatcher**。最後，別忘了在結束的時候呼叫 **resetMain** 將主執行緒改回來。將這兩個函式分別放在 **setUp** 以及 **tearDown** 函式內，如此就會在每次測試的時候，都會呼叫這兩個函式。

修改後再執行一次，這一次如圖 9-14 得到了正確的結果。

```
@OptIn(ExperimentalCoroutinesApi::class)
internal class BmiViewModelTest {

    @BeforeEach
    internal fun setUp() {
        val repo = FakeBodyInformationRepository()
        val testDispatcher = StandardTestDispatcher()

        Dispatchers.setMain(testDispatcher)

        bmiViewModel = BmiViewModel(repo, testDispatcher)
    }
```

```
    @AfterEach
    internal fun tearDown() {
       Dispatchers.resetMain()
    }

    @Test
    internal fun bmi() = runTest {
        bmiViewModel.addHeightAndWeight(170, 70)

        bmiViewModel.fetchBMI()
        advanceUntilIdle()

        assertEquals(BMI(170, 70), bmiViewModel.bmi.value)
    }
}
```

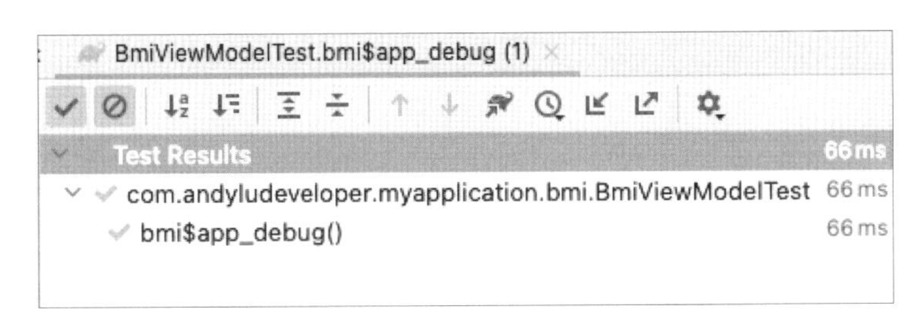

圖 9-14 加上 setMain 就能將 Dispatcher.Main 替換成 StandardTestDispatcher

```
interface BodyInformationRepository {
    suspend fun getHeight(): Int

    suspend fun setHeight(height: Int)

    suspend fun getWeight(): Int

    suspend fun setWeight(weight: Int)
}
```

BodyInformationRepository.kt

```
class FakeBodyInformationRepository : BodyInformationRepository {
    private val heights: MutableList<Int> = mutableListOf()
    private val weights: MutableList<Int> = mutableListOf()

    override suspend fun getHeight(): Int {
        delay(1000)
        return heights.average().roundToInt()
    }

    override suspend fun setHeight(height: Int) {
        delay(10)
        heights.add(height)
    }

    override suspend fun getWeight(): Int {
        delay(100)
        return weights.average().roundToInt()
    }

    override suspend fun setWeight(weight: Int) {
        delay(10)
        weights.add(weight)
    }
}
```

FakeBodyInfomationRepository.kt

心智圖

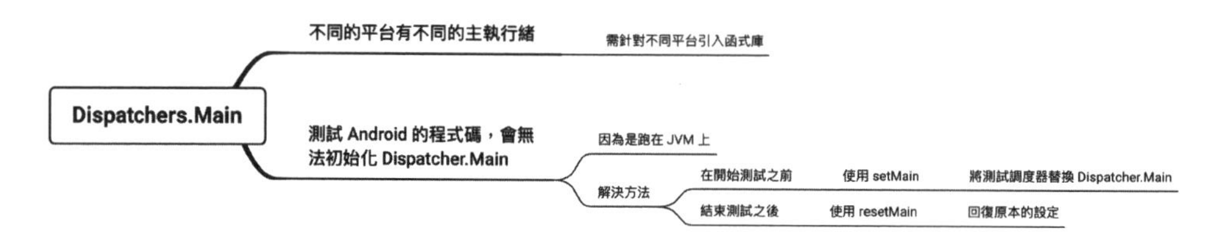

小結

進行 suspend 函式的單元測試時，避免因 **delay** 函式產生的時間延遲，造成測試時間冗長。所以在測試的時候，要將 **runBlocking** 改成 **runTest**。其原因是 **runTest** 內部使用測試的調度器（**StandardTestDispatcher**），會忽略 **delay** 函式的作用，測試時就能更快速的得到結果。

除了 **StandardTestDispatcher** 外，**kotlinx-coroutine-test** 另提供了 **UnconfinedTestDispatcher**，這種測試調度器，不會固定使用某個執行緒，為了快速執行，會直接使用目前的執行緒，所以能夠由上至下的順序來執行，但是如果在執行的時候遇到了 **delay** 函式，那麼就會跳到下一個 Coroutine 作用域，就不一定會是由上至下的順序了。

所以，建議還是使用 **StandardTestDispatcher** 作為測試調度器，當在斷言前如果還有任務尚未執行，可以呼叫 **advanceUntilIdle** 或 **runCurrent** 執行還沒有開始執行的任務。

設計 suspend 函式時，若需要在非主執行緒上執行，我們可能會直接在函式內使用 **withContext** 函式，將區塊內的任務在其它的執行緒上執行。不過，若是直接將調度器寫死在 **withContext** 函式中，則會造成測試的不方便，為了方便測試，將調度器作為參數由外部注入，如此一來，當我們在進行單元測試的時候，就能夠直接注入測試用的調度器，加快測試的速度。

另外，由於 **Dispatcher.Main** 在不同平台上代表不同意思，因此要引用不同的函式庫才能夠使用對應的 **Dispatcher.Main**。但是在單元測試的時候卻會遇到 **Dispatcher.Main** 無法使用的情況。如 Android 的 **Dispatcher.Main** 在執行單元測試時就會出現問題，這是因為執行單元測試的時候，是跑在 JVM 環境上，而不是 Android 環境上，所以無法使用 Android 環境上的主執行緒。當遇到這種情況時，我們只需在單元測試裡呼叫 **setMain** 將主執行緒使用測試執行緒替代，並在測試結束的時候呼叫 **resetMain** 回復設定即可。

後記

終於，本書的內容到這邊也正式告一段落了，感謝讀完這本書的你，雖然礙於篇幅的關係，沒有辦法將所有的內容都講過一遍，不過我想跟各位分享的內容都寫在本書裡了。Kotlin Coroutine 還在持續更新中，目前仍然有許多 API 都還是標記為實驗性（@ExperimentalCoroutinesApi），如 **`runTest`**、**`StandardTestDispatcher`**⋯，這也意味者在未來這些 API 很有可能還會更改，甚至也會加入新功能，不過基本的核心與概念是不會改變的。

經過前面九章的介紹，對於 Coroutine 已有初步的認識，本書雖然已經結束，但是學習 Coroutine 的路才正要開始，新的知識要不斷的複習、使用，才能夠變成自己的一部分，所以接下來就是要多加實踐、練習，不妨趁著讀完這本書的時候，找一個小專案來練習，嘗試將專案中使用執行緒的部分改成使用 Coroutine，由於本書都是直接使用 **`runBlocking`** 來執行 Coroutine 程式碼，在正式專案上不應該直接使用 **`runBlocking`**，應自行建立作用域，如此才不會阻塞主執行緒；如果你是 Android 的開發者，可以使用由 Android Jetpack 所提供的 ViewModelScope 或 LifecycleScope，這兩個 Scope 與 Android 的生命週期綁在一起，我們就能輕鬆的使用 Coroutine：當生命週期結束時，Coroutine 會自動取消，而當父任務被取消後，所有的子任務也會跟著一起取消，如此一來，就能夠避免因生命週期結束，可能導致的記憶體洩漏（Memory Leak）問題。最後，加入 Coroutine 的時候，別忘了加上單元測試確保自己的修改沒有改壞原本的程式碼。

如果要繼續研究 Coroutine，可以從研究執行緒開始，了解執行緒上會遇到的問題，除了本書在第一章所介紹的那些問題外，還有哪些問題會在執行緒上發生的，如競爭危害（Race Condition），在不同執行緒上共用可變參數⋯等，而在執行緒上會使用什麼方式解決、避免？換作是 Coroutine 又要怎麼解決、避免呢？

感謝 iTHome 鐵人賽、博碩出版社，讓我有這個機會當一名作家，出版一本關於 Kotlin Coroutine 的書，而這本書也是第一本用繁體中文寫的 Kotlin

Coroutine 專書，真是可喜可賀。記得剛看到 Kotlin Coroutine 的時候，心理想說：挖賽，Coroutine 也太簡單了吧 XD 不過要用的好，需要相關知識的堆疊，才能選出正確的解決方案。

我是一名 Android 工程師，隨著 Kotlin 變成 Android 的官方語言之一，我也踏入學習 Kotlin 的路上，並使用 Kotlin 進行專案的開發，Kotlin 這個程式語言經常讓開發者驚艷，除了標準函式庫內，那些精心設計的函式，讓我們可以使用「串串大法」將所有的指令串接在一起，可以讓開發者減少程式碼的輸入，也增加閱讀性。其他許多同樣由 Kotlin 推出的函式庫，也有著相同的設計精神，使用上同樣優雅。

回到 Android，我們知道 Coroutine 是用來處理非同步任務，而在 Android 上除了 Coroutine 外，還有其他不同的解決方案，從最基本的執行緒、Handler、AsyncTask 到 WorkManager⋯等等，這些解決方案都有各自的優點，也有不同的坑要解決，使用 Kotlin Coroutine 能解決許多顯而易見的問題，如在主執行緒上更新畫面，沒有 Callback 等等⋯。

我自己在學習 Coroutine 的時候，會思考該如何在專案內導入 Coroutine，若使用 Coroutine 時，要如何處理原本的非同步任務，在這樣的思考下能夠對 Coroutine 的使用更加了解，因為是自己熟悉的專案，所以除了 Coroutine 外，其他部分應該是比較了解了，如此一來，就不太容易與其他不懂的事情和在一起，如此就能比較專注在學習 Coroutine 的道路上。而在 Android 使用 Kotlin Coroutine 是一件輕鬆的事，因為 Android 的許多項目都能與 Coroutine 一起使用，這讓在 Android 的環境下使用 Coroutine 更加的容易。

學海無涯，唯勤是岸

本書如有錯誤或勘誤，請與我聯絡。
最後，感謝所有支持我、購買本書的人，祝福你們。
謝謝。

Andy 2023.01

參考書籍

- Kotlin Coroutines: Deep Dive, Moskala, Marcin（Kt.Academy, 2021）
- Programming Android with Kotlin: Achieving Structured Concurrency with Coroutines, Pierre-Olivier Laurence & Amanda Hinchman-Dopminguez with G. Blake Meike & Mike Dunn（O'Reilly, 2021）
- 深入理解 Kotlin 协程，霍丙乾（機械工業出版社，2020）
- Thinking in Java, 4/e, Eckel, Bruce(Prentice Hall, 2006)
- 作業系統精論 Operating System Concepts 10/e，Avi Silberschatz, Peter Baer Galvin, Greg Gagne（東華出版社 , 2021）

參考資料

- Kotlin Coroutin 官方網站：https://kotlinlang.org/docs/coroutines-overview.html
- Kotlin coroutines on Android：https://developer.android.com/kotlin/coroutines
- Kotlin flows on Android：https://developer.android.com/kotlin/flow

Note

博碩文化

博碩文化